KB264980

이중나선

이중나선

핵산의 구조를 밝히기까지

J. D. 왓슨 지음 | 하두봉 옮김

전파과학사

전파과학사는 독자 여러분의 책에 관한 아이디어와 원고 투고를 기다리고 있습니다. 디아스포라는 전파과학사의
임프린트로 종교(기독교), 경제·경영서, 일반 문학 등 다양한 장르의 국내 저자와 해외 번역서를 준비하고 있습니다.
출간을 고민하고 계신 분들은 이메일 chonpa2@hanmail.net로 간단한 개요와 취지, 연락처 등을 적어 보내주세요.

이중나선
핵산의 구조를 밝히기까지

초판 1쇄 1973년 05월 15일
중판 14쇄 2012년 02월 30일

지은이 J. D. 왓슨
옮긴이 하두봉
발행인 손동민
디자인 이지혜

펴낸 곳 전파과학사
출판등록 1956. 7. 23. 제 10-89호
주   소 서울시 서대문구 증가로18, 204호
전   화 02-333-8877(8855)
팩   스 02-334-8092
이 메 일 chonpa2@hanmail.net
공식 블로그 http://blog.naver.com/siencia

ISBN   978-89-7044-543-4 (03470)

나오미 미치슨에게

유전의 기본 물질인 DNA의 구조를 해명하기까지의 경위를 적은 이 책은 몇 가지 점에서 특색이 있어 저자인 왓슨 씨로부터 서문을 써 달라는 부탁을 받았을 때 나는 즐거이 이를 승낙하였다.

첫째로 이 책은 과학적으로 대단히 흥미진진하다는 것을 말할 수 있다. 크릭과 왓슨 두 사람에 의한 DNA 구조의 발견은 그것이 내포하는 생물학적 의의와 함께 20세기 과학에 있어 최대 업적의 하나가 되었다. 이 발견으로 말미암아 수많은 새로운 연구가 유발되었으며, 생화학은 그 모습을 완전히 새롭게 바꾸게 되었다. 나는 이 발견이 과학사에 끼칠 중대한 공헌을 인식하고 왓슨 씨에게 그의 기억이 흐려지기 전에 그동안의 경위를 한 권의 책으로 남길 것을 강력히 권유한 사람의 하나이다. 그 결과는 내가 기대한 바를 훨씬 능가하고 있다. 이 책의 후반에서는 새로운 아이디어가 탄생하기까지의 경과가 생생하게 그려져 있다. 그것은 하나의 일급 드라마라고도 할 수 있고 긴장의 연속으로 독자를 최후의 클라이맥스까지 끌고 가는 박력이 있다. 나는 이 책만큼 독자가 과학자의 노력, 의문 그리고 최후의 성공에 공감을 느낄 수 있는 책을 일찍이 본 적이 없다.

다음으로 이 책의 이야기는 과학자가 때로는 직면하게 되는 쓰라린 딜레마의 한 예라고 할 수 있다. 한 동료가 어떤 문제를 여러 해 동안 꾸준히 연구해 오면서 곧 그 문제가 다 해결될 것 같은 전망에서 그동안 애써 얻은 실험 결과들을 발표하지 않고 있는 것을 그가 보았다고 하자. 조금만 관점을 바꾸면 그 문제의 해결에 결정적인 방법을 생각할 수 있다고 그가 확신하여, 공동연구를 제의하였다면 이것은 동료의 연구에 대한 일종의 권리침해라하고도 생각될 수 있을 것이다. 그렇다면 이 과학자는 공동연구를 제의하지 말고 동료의 미발표인 실험 결과를 바탕으로 하여 독자적으로 그 문제의 해결에 나서야 할 것인가? 문제의 해결에 결정타가 될 새로운 아이디어라는 것도 따지고 보면 순전히 그 자신의 아이디어인지 혹은 다른 사람들과 여러 차례 이야기하는 도중에 저도 모르는 사이에 형성된 것인지 분간하기는 어려운 것이다. 그래서 과학자들 사이에는 다른 사람이 정열을 기울여 온 어떤 연구에 어느 정도 손을 댈 수 있는 권리가 있다고 하는 막연한 규약 같은 것이 있다. 더구나 여러 경쟁이 여러 곳에서 일어난다면 조금도 주저할 필요는 없는 것이다. 이러한 딜레마는 이 DNA 이야기에서도 나타나고 있다. 1962년의 노벨상 수여에 있어서 케임브리지 대학의 크릭과 왓슨 두 사람의 혁혁한 최종적 성과와 더불어 킹스대학의 윌킨스의 다년간에 걸친 꾸준한 연구의 공도 함께 인정된 것은 이 연구에 적지 않게 관계하고 있었던 모든 사람이 다 같이 기뻐하는 바이다.

이 책에서 또 한 가지 특기할 점은 이 이야기의 인간적인 흥미, 즉 미국의 한 젊은이가 유럽 특히 영국에서 얻은 인상을 들 수 있다. 저자는 그의 인상을 조금도 가식 없이 솔직하게 표현하고 있다. 이런 점에서 이 책 속에서 등장하는 사람들은 상당히 너그러운 마음으로 이 책을 읽어야 할 것이다. 그리고 독자들은 이 책을 하나의 역사라기보다는 다만 후일 쓰일 역사의 한 자료가 될 자서전에 불과하다고 생각해야 할 것이다. 저자 자신도 이 책은 역사적 사실의 기술이 아니라 하나의 인상기라고 말하고 있는 것이다. 이 책에서 나오는 사건들은 저자가 그 당시 생각했던 것보다는 훨씬 더 복잡하였고, 또 그 일에 관계했던 사람들의 동기도 그가 느낀 것처럼 그렇게 왜곡되어 있던 것은 아니었다. 그러나 반면 저자는 그의 직관적인 통찰력으로 인간의 약점을 때로는 똑바로 찌르고 있다는 것을 우리는 인정해야 할 것이다.

이 이야기와 관련이 있는 우리들 가운데 몇 사람에게는 저자가 원고를 미리 보여 주었기에 우리는 몇 군데 사실과 어긋나는 점을 고치도록 말하기는 하였으나 나 개인으로서는 저자의 싱싱하고 직설적인 표현을 빼 버리면 이 책의 흥미도 반감되어 없어져 버린다고 생각하였기 때문에 지나치게 많이 수정하는 것을 원치 않았다.

윌리엄 로렌스 브래그

머리말

　나는 이 책에서 DNA의 구조가 발견되기까지의 경위를 내 개인적인 입장에서 서술하고자 한다. 그리고 이 서술을 통하여 이야기의 무대였던 2차 대전 직후의 영국의 분위기도 묘사해 보려고 한다. 이 책을 읽고 독자 여러분도 느낄지 모르지만 과학이라는 것은 외부에서 생각하는 것처럼 그렇게 논리적으로 옳게만 가지는 것은 아니다. 오히려 그 진보나 또 때로는 퇴보가, 인간성이나 문화적 전통이 중요한 역할을 하고 있는 극히 인간적인 사정들에 의해 좌우되고 있다. 따라서 나는 DNA의 구조를 발견하고 난 뒤에 알게 된 여러 가지 사실들을 지금의 입장에서 평가하기보다는 오히려 그 당시 내가 느낀 그대로의 일과 사람들에 대해 여기에 적어 보려 한다. 물론 다 지난 뒤에 그 당시의 일들을 이모저모로 생각하면서 평가하는 전자의 경우가 보다 객관적일 수 있겠지만 그렇게 하면 젊음의 오만성과, 그리고 진리란 일단 발견되고 나면 단순하고 아름답기만 하리라고 생각하는 신념, 이 두 가지가 특징인 과학에 있어서의 모험의 정신은 표현할 수가 없을 것이다. 따라서 이 책의 내용에는 일방적이고 불공정하다고 생각되는 부분도 많겠지만, 인간이란 원래가 어떤 새로운 아이디어나 또는 생면부지(生面不知)의 사람을 만났을 때 좋고 싫고를 대개 일방적이고 불공정하게 결정해 버리는 것이 아닌가 생각한다. 어쨌든 나는 이 책에서 그 당시, 즉 1951~1953년에 내가 보고 겪은 사고와 인간들과 나 자신에 관하여 쓰고자 하는 것이다.

　　이 이야기와 관련이 있는 다른 사람이 가령 같은 이야기를 쓴다면 그 내용은 이 책과는 상당히 다를 것이다. 그것은 그들의 기억이 나와는 다른 것이기 때문이고, 또 사물을 보는 각도도 사람마다 제각기 다르기 때문이다. 이런 점에서 보면 DNA의 구조가 발견된 과정의 결정적인 역사를 쓸 수 있는 사람은 아무도 없다. 그럼에도 불구하고 내가 굳이 이 책을 쓰려고 하는 이유의 하나는 DNA의 이중나선구조(二重螺旋構造)가 발견된 경위에 대해서 관심을 가진 사람이 많고 그들에게는 이 불완전한 책이나마 없는 것보다는 나으리라 하는 생각에서이다. 그러나 보다 중요한 이유는 어떻게 과학을 연구하는가에 관해서 일반 대중이 아직도 모르고 있다고 생각했기 때문이다. 물론 모든 과학이 이 책의 내용처럼 연구되는 것은 아니다. 과학의 연구 방법은 사람의 개성만큼이나 다양한 것이다. 그러나 나는 DNA 구조의 발견 과정이 신사적 경쟁과 야심이라는 두 개의 상반된 줄이 복잡하게 얽혀 있는 과학의 세계에서의 특이한 예외가 되리라고는 생각하지 않는다.

　　나는 이 책을 써야겠다고 하는 생각을 이중나선구조를 발견한 그 당시부터 갖고 있었기 때문에 그 무렵에 일어났던 여러 가지 일들의 기억은 다른 것들에 비하여 훨씬 더 선명하다. 그 당시 나는 거의 매주 나의 부모에게 편지를 썼는데 그 편지들은 이 책을 쓰면서 그 당시 일어났던 일들의 날짜를 더듬는 데 큰 도움이 되었다. 또 이 원고를 읽은 몇 사람이 내가 불완전하게 기술한 몇 가지 부분들에 대하여 상세한 설명을 해 준 것도 대단히 귀중한 참고가 되었다. 물론 내 기억이 더러는 다른 사람들과 다른 것도 분명히 있을 것이므로 이 책은 어디까지나 나 자신의 주관적 견해를 적은 것이라고 생각해 주기를 바란다.

이 책의 앞부분의 몇 장은 알베르트 센트지외르지(Albert SzentGyörgyi, 1893~1986, 1937년 노벨 생리학·의학상 수상), 존 휠러(John A. Wheeler) 및 존 케언즈(John Cairns) 여러분의 댁에서 썼다. 시원한 바다가 바라보이는 조용한 방과 책상을 제공하여 주신 그들에게 심심한 사의를 표하는 바이다. 후반부는 구겐하임 특별연구원(Guggenheim Fellow)이 되어 재차 케임브리지에 가서 킹스대학(King's College)의 학장 및 직원 여러분들의 따뜻한 환대를 받으면서 썼다.

나는 이 책에 그 당시의 사진들을 가능한 한 많이 수록하였는데 나에게 스냅사진들을 보내준 허버트 굿프로인트(Herbert Gutfreuned), 피터 폴링(Peter Pauling), 휴 헉슬리(Hugh Huxley) 및 군터 스텐트(Gunther Stent) 여러분에게 특히 감사의 뜻을 전하고 싶다. 또 편집에 있어서는 래드클리프(Radcliffe)의 우등생다운 날카롭고 총명한 조언을 해준 리비 올드리치(Libby Aldrich) 양과 문장의 잘못을 바로잡고 또 훌륭한 책이 되도록 많은 충고를 하여 준 조이스 레보위츠(Joyce Lebowitz) 양에게 도움을 받은 바 크다. 그리고 끝으로 초고 때부터 줄곧 나를 도와준 토머스 J. 윌슨(Thomas J. Wilson) 군에게 감사드리고 싶다. 그의 현명하며 친절하고 섬세한 충고가 없었더라면 이 책이 내가 바랐던 바와 같은 모습으로 나오지 못하였을 것이다.

1967년 11월 하버드대학에서

제임스 왓슨

· · ·

1955년 여름 나는 알프스에 가는 몇몇 친구들과 어울리게 되었다. 당시 킹스대학의 연구원이었던 앨프레드 티시어즈(Alfred Tissieres)가 나를 로트호른(Rothorn)의 산정까지 데려다 주겠다고 한 것이다. 나는 높은 산 등산에는 자신이 없었지만 겁만 집어먹고 있을 때는 아니라고 생각하여 준비를 해 가지고 안내인을 따라 알리닌(Allinin)까지 가서 거기서 치날(Zinal)까지 두 시간 동안 버스를 탔다. 버스가 깎아지른 듯한 낭떠러지 위의 좁은 꼬부랑길을 꼬불꼬불 달릴 때는 운전수가 차멀미를 하고 있는 것 같아 도무지 마음이 놓이지 않았다. 치날에 도착하니 앨프레드 티시어즈가 호텔의 현관 앞에서 수염을 길게 기른 트리니티(Trinity) 대학의 학감과 이야기하고 있었다. 이 학감은 전쟁 중 인도에 있었던 사람이었다.

이날 오후 앨프레드와 나는 예비 운동을 겸하여 커다란 빙하가 떨어지고 있는 곳에 자리 잡은 자그마한 음식점까지 걷기로 하였다. 이 빙하는 오버가벨호른(Obergabelhorn)에서 떨어지고 있는 것인데 다음날은 그 빙하 위쪽을 걸을 예정이었다. 호텔이 막 보이지 않게 되었을 때

산책 중인 프랜시스 크릭과 제임스 왓슨. 뒤로는 킹스대학 교회가 보인다.

우리는 이쪽을 향하여 내려오는 일단(一團)의 등산객을 만났는데, 그중
에는 윌리 시즈(Willy Seeds)가 끼어 있었다. 그는 수년 전 런던대학의
킹스대학(King's College, London)에서 모리스 윌킨스(Maurice Wilkins,
1916~2004, 1962년 노벨 생리학·의학상 왓슨과 공동수상)와 더불어 DNA의
광학적 성질에 관한 연구를 하고 있던 사람이었다. 나를 보자 윌리는
걸음을 늦추었다. 그러고는 등에 멘 배낭을 내리면서 잠시 얘기라도 할
듯이 하였으나 "요즈음 어떻소?"하는 한마디 인사말만 남기고는 아래
쪽으로 사라졌다.

나는 언덕길을 터벅터벅 걸어 올라가면서 그전에 런던에서 그와 만났을 때의 일을 회상하고 있었다. 그 당시까지도 DNA는 손에 잡히지 않는 수수께끼였고 누가 그것을 손에 넣을지, 또 그렇게 애쓸 만한 가치가 있는 것인지조차 아무도 몰랐었다. 이제 경주는 끝났다. 나는 승리자의 한 사람으로서 이 경주가 그렇게 간단한 것은 아니었고 또 신문의 보도와는 상당히 다르다는 것을 알고 있다. 이 경주는 주로 모리스 윌킨스, 로잘린드 프랭클린(Rosalind Franklin, 1921~1958), 라이너스 폴링(Linus Pauling, 1901~1981, 1954년 노벨 화학상 1962년 노벨 평화상 수상), 프랜시스 크릭(Francis Crick, 1916~2004, 1962년 노벨 생리학·의학상 왓슨과 공동수상) 및 나, 이렇게 다섯 사람이 벌인 것이었다. 그중에서 크릭은 내편에서 가장 큰 역할을 담당했던 사람이므로 나는 그의 이야기부터 시작하기로 한다.

1

나는 프랜시스 크릭의 겸손한 태도를 본 적이 없다. 딴사람들 앞에서는 겸손한지 모르지만, 나는 그렇게 생각할 수 없었다. 그러나 이것은 현재 그의 명성과는 아무 상관이 없는 이야기다. 그는 이미 널리 알려져 있고 또 존경을 받고 있으며, 언젠가는 러더퍼드(Ernest Rutherford, 1871~1937, 1908년 노벨 화학상 수상)나 보어(Niels Bohr, 1885~1962, 1922년 노벨 물리학상 수상)와 같은 대우를 받을 것이다. 하지만 1951년 가을에 내가 단백질의 3차원적 구조를 연구하고 있는 일단의 물리학자 및 화학자들과 공동연구를 하기 위하여 케임브리지대학(Cambridge University)의 캐번디시 연구소(Cavendish Laboratory)에 갔을 때는 그렇지 않았다.

그때 그의 나이는 서른다섯이었는데 아직 세상에 전혀 알려져 있지 않은 무명의 한 과학자에 불과하였다. 물론 그의 가까운 동료 가운데 몇 사람은 그의 날카로운 통찰력(洞察力)을 알고 있어 그에게 조언을 구하는 경우도 더러 있었지만 대부분의 사람들은 그의 이러한 재능을 인식하지 못하고 그를 말이 좀 많은 떠버리로만 생각하고 있었다.

크릭이 속하고 있던 연구실의 주임은 막스 페루츠(Max Perutz, 1914~2002, 1962년 노벨 화학상 수상)였다. 오스트리아 태생인 이 화학자는 1936년에 영국으로 건너온 이후 10여 년간을 X선회절법(X線回折法)으로 헤모글로빈 결정을 연구해 왔고, 그 무렵에야 겨우 연구에 어느 정도 매듭이 지어져 가고 있었다. 캐번디시 연구소의 소장 로렌스 브래그 경(Lawrance Bragg, 1890~1971, 1915년 노벨 물리학상 수상)도 그의 연구를 도와주고 있었다. 결정학의 창시자의 한 사람이고, 노벨상 수상자인 브래그 경은 X선회절법의 복잡한 물질의 구조를 해명해 가는 것을 근 40년간이나 지켜보고 있었다.[*]

이 기술이 해명한 분자의 구조가 복잡하면 할수록 그의 즐거움은 한층 더하였다. 그래서 대전 직후의 수년 동안 그는 모든 분자 가운데 가장 복잡한 단백질 분자의 구조를 해명하는 데 온 정열을 쏟고 있었다. 그는 연구소 소장으로서의 행정적인 사무를 보는 한편, 틈이 나면 페루츠의 연구실에 와서 실험 결과를 들여다보고 같이 토의하다가 집에 가서도 그 결과의 해석에 몰두하는 것이었다. 이론가로서의 브래그 경과 실험가로서의 페루츠와의 중간형이 바로 크릭이어서 그는 때로는 실험도 하고 또 때로는 단백질 구조를 해명하기 위한 이론에 열중하고 있었다. 무언가 새로운 것을 만나면 크릭은 무척 흥분해서는 들어줄 만한 사람이면 누구나 붙들고 떠들어댔다. 그러다가 며칠 후 그 새로운 이론

---

[*] X선회절법에 대한 상세한 해설은 존 켄드루(John Kendrew)의 저서《생명의실-분자생물학입문》(The Thread of Life : An Introduction to Molecular Biology, Harvard University Press, 1966) p.14를 참조

이라는 것이 쓸모없는 것임을 깨닫고는 또 실험에 되돌아갔다가 싫증
이 나면 다시 이론에 파묻히곤 하는 것이었다.

크릭의 이러한 변덕스러운 착상에 얽힌 희극도 대단히 많다. 그러나
터무니없는 이 아이디어는 여러 달 또는 여러 해 실험이 계속되는 실험
실의 분위기에 활기를 불어넣는 데 큰 도움이 되기도 하였다. 여기에는
또 그의 큰 목소리가 한몫했다. 그는 목소리가 클 뿐 아니라 말이 굉장
히 빨랐다. 그가 큰소리로 웃을 때는 연구소 안의 어디에서도 그가 있
는 곳을 곧 알 수 있을 정도였다. 연구소 안의 거의 모두가 이런 떠들썩
한 한때를 즐기고 있었고, 특히 일이 좀 한가할 때는 그의 이야기를 듣
고 있다가 그 줄거리를 이해하지 못하면 퉁명스럽게 반문하기도 하면
서 즐기고 있었다. 그러나 단 한사람, 브래그 경은 예외였다. 크릭의 떠
드는 소리에 기분을 망쳐서 어디 조용한 방을 찾아 도망치듯 하는 것이
었다. 크릭의 떠드는 소리를 견디지 못해 그는 차 시간에도 차 마시러
오는 일이 별로 없을 정도였다. 그뿐만이 아니었다. 크릭이 이론에 열
중한 나머지 흡인(吸引)펌프의 고무관을 잠그는 것을 잊어버려 실험실
의 수돗물이 브래그 경의 사무실 앞 복도까지 잔뜩 흘러나온 일이 두
번이나 있었던 것이다.

내가 캐번디시 연구소에 갔을 때 크릭의 이론은 비약을 거듭하여 단
백질결정학의 한계를 훨씬 넘어서고 있었다. 조금이라도 중요한 문제
라고 생각되면 그는 곧 매혹되어 여기저기 남의 실험실을 돌아다니면
서 그 새로운 실험을 구경하고 있었다. 그리고 그 실험 결과가 무엇을

캐번디시 연구소의 X선관 옆에 있는 프랜시스 크릭

뜻하는가를 잘 모르고 있는 듯한 동료에게는 자기 나름의 해석을 거침 없이, 그러나 말투만은 공손하고 친근하게 말하는 것이었다. 이어서 그 는 또 자기의 해석을 뒷받침할 새로운 실험 방법을 즉흥적으로 떠들어 대는 것이었다. 뿐만 아니라 이 새로운 아이디어가 과학의 발달에 얼마 나 크게 기여할 것인가를 그는 주위의 모든 사람에게 장황하게 설명하 는 것이었다.

크릭의 이러한 기탄없는 태도로 말미암아 그와 비슷한 나이의 아직 유명해지지 않고 있는 동료들은 겉으로 표시하지 않았지만 그를 몹시 경원(敬遠)하고 있었다. 그가 남의 실험 결과의 의미를 재빠르게 파악하고 그것을 조리 있게 체계화하는 재치를 보일 때면 그의 동료들은 크릭이 금방이라도 커다란 성공을 거두어서 케임브리지 대학이라고 하는 명문의 그늘에 감추어져 있는 자기네들의 흐리멍덩한 두뇌가 세상에 노출될 것이 아닌가 하는 우려에서 기분이 우울해지는 것이었다. 크릭은 카이우스(Caius)대학에서 주(週)에 한 번 식사를 할 자격은 있었으나 다른 어떤 대학의 연구원도 아니었다. 그것은 그가 학부생들과의 불필요한 접촉으로 시간을 뺏기는 것을 원치 않았기 때문이기도 하였지만, 또 하나의 이유는 대다수의 교수가 그의 두들겨 부수는 듯한 고함 소리를 일주일에도 몇 번씩 듣는 것을 좋아하지 않았을 것이기 때문이었다. 이 점에서는 크릭도 때로는 고민하고 있었던 것을 나는 잘 알고 있다. 상류 사회라는 것은 재미도 없고 배울 바도 없는 중년의 아는 체만 하는 사람들이 지배하고 있는 사회라는 것을 크릭도 잘 알고 있었으나 그는 역시 섭섭했던 것이다. 킹스대학에는 피차간의 인격을 손상시키지 않고 그를 감싸줄 수 있는 비보수적인 사람들도 많았다. 그러나 이런 친구들도 크릭을 재미있는 식사 친구로는 생각하면서도 포도주 한 잔을 들면서 이야기를 나누다 보면 저도 모르는 사이에 그에게 말려드는 것을 어쩔 수 없었던 것이다.

2

내가 케임브리지에 가기 전까지는 크릭은 데옥시리보 핵산(deoxyribonucleic acid, DNA)이나 또 유전에 있어 이 물질의 역할에 관해서는 별로 생각하고 있지 않았다. 그것은 그가 이 물질에 대하여 흥미가 전혀 없었기 때문이 아니고 오히려 그 반대였다. 그가 물리학을 떠나서 생물학에 흥미를 갖게 된 것은 1946년에 유명한 이론물리학자 에르빈 슈뢰딩거(Erwin Schrodinger, 1887~1961, 1928년 노벨 물리학상 수상)의 『생명의 본질』(What Is Life)이란 책을 읽고 나서부터다. 이 책은 유전자야말로 생물 세포의 핵심적인 성분이며, 따라서 생명 현상을 이해하려면 이 유전자의 작용을 이해하여야 한다는 저자의 생각을 극히 요령 있게 설명하고 있었다. 슈뢰딩거가 이 책을 쓸 때만 해도(1944년) 유전자란 어떤 특수한 단백질분자라는 것이 일반적인 생각이었다. 그러나 바로 그 무렵 미생물학자 에이버리(O. T. Avery, 1877~1955)는 뉴욕의 록펠러 연구소(Rockefeller institute)에서 실험을 통하여 한 박테리아의 유전형질이 순수한 DNA 분자를 통해 다른 박테리아로 옮겨질 수 있다는 것을 입증하고 있었다.

DNA는 모든 세포의 염색체 안에 존재한다는 사실은 이미 알려져 있었기 때문에 에이버리의 실험 결과는 모든 유전자는 DNA로 구성되어 있다는 것을 머지않아 실험적으로 밝힐 수 있으리라는 것을 시사하는 것이었다. 그렇다면 크릭에게는 단백질이 생명의 신비를 푸는 열쇠가 될 수는 없었다. 우리들의 머리카락이나 눈동자 색깔, 지능의 차이, 남을 웃기는 재주 등 모든 유전형질을 어떻게 유전자가 결정하는가를 밝히는 열쇠는 단백질이 아니고 DNA일 것이었다.

그러나 아직도 유전자는 단백질분자라고 믿고, DNA편을 드는 실험 결과들은 결정적인 것이 못 된다고 생각하는 과학자들도 있었다. 크릭은 그러나 이러한 회의론(懷疑論)에 당혹스러워하지는 않았다. 그가 볼 때 대부분의 사람은 심술만 남은 바보들이어서 경마장에서 가망도 없는 말에만 돈을 찔러 넣고 있는 것이었다. 소위 과학자라고 하는 사람들 가운데는 신문이나 재단 등이 떠들어대는 것과 같은 명성과는 정반대로 속이 좁고 머리도 둔한, 한마디로 바보라고밖에 할 수 없는 사람들이 매우 많다. 이것을 모르는 사람은 과학자로서 성공할 가망은 전혀 없다고 하여도 과언이 아니었다.

그러나 크릭이 DNA의 세계에 뛰어들기에는 아직 때가 좀 일렀다. 그는 단백질의 연구에 손댄 지 겨우 2년밖에 안 되었고 이제 조금씩 단백질을 이해하기 시작한 때였기 때문에 DNA가 중요한 물질이기는 해도 그 이유만으로 단백질에서 손을 뗄 수는 없었기 때문이었다. 뿐만 아니라 캐번디시 연구소의 연구원들은 DNA에 대해서는 별로 흥미를 갖고 있지 않았기 때문에 X선회절법으로 DNA의 구조를 연구할 팀을 새로 구성하려면 경제적인 뒷받침이 충분하다 하더라도 2, 3년은 걸렸을 것이다.

게다가 이러한 새 팀을 구성한다고 해도 거기에는 무시 못 할 인간적인 문제가 도사리고 있었다. 그 당시 영국에서의 DNA 연구는 사실상 모리스 윌킨스의 개인 소유물이나 마찬가지였다. 런던의 킹스대학(런던대학의 한 대학. 케임브리지대학의 킹스대학과 혼동하지 말 것.)에 있던 윌킨스는 크릭과 마찬가지로 물리학자였으며 그의 연구의 주무기도 X선회절법이었다. 윌킨스가 수년간 두고 연구해 온 문제에 크릭이 뛰어든다는 것은 좋은 인상을 주는 것은 아니었다. 더욱이 이 두 사람은 나이도 비슷하고 서로 잘 아는 사이여서 크릭이 재혼하기 전에는 자주 만나 식사도 같이 하면서 과학에 관한 이야기를 주고받는 사이였던 것이다.

가령 이 두 사람이 서로 다른 나라에 살고 있었다면 문제는 달랐을 것이다. 영국이라는 아늑한 나라에서는 대개의 저명인사들은 인척 관계는 아니라 하더라도 서로 잘 알고 있는 사이이며, 또 이 나라의 페어플레이 정신도 곁들어서 윌킨스의 연구에 크릭이 뛰어든다는 것은 허용될 수 없었다. 영국식 페어플레이 정신 같은 것은 도대체가 없는 프랑스에서라면 이런 것은 문제도 안 되었을 것이다. 미국에서도 역시 마찬가지여서, 예컨대 버클리대학에 있는 어떤 사람이 최첨단의 중요한 문제를 캘리포니아공과대학의 다른 사람이 이미 착수하고 있다는 이유만으로 포기한다는 것은 있을 수 없는 일이다.

그러나 영국에서는 그렇지 않았다. 뿐만 아니라 크릭은 윌킨스가 DNA 문제에 그다지 열을 올리고 있지 않은 것 같아서 언제나 실망하고 있었다. 크릭이 볼 때 윌킨스는 어떤 중요한 문제를 말할 때도 너무나 천천히, 그리고 지나치게 신중을 기하고 있는 것같이 보여 답답한 것이었다. 물론 윌킨스의 이러한 태도는 그의 지능이나 상식이 부족해서가 아니었다. 그는 이 두 가지를 다 지니고 있었다. 그 증거로 누구보다도 먼저 DNA에 손을 댄 사람이 바로 윌킨스였던 것이다. 이런 사정으로 크릭은 윌킨스에게 DNA라는 다이너마이트를 손안에 쥐고 있으면서 너무 신중을 기하고 있지만 말라고 말할 수가 없었다. 게다가 그 무렵 윌킨스의 머리는 그의 조수인 로잘린드 프랭클린이라는 여자로 가득 차 있었다.

그렇다고 윌킨스가 로지(Rosy, 우리는 그녀를 그렇게 불렀다)와 사랑에 빠져 있었다는 것은 아니고 그 반대로 그녀가 윌킨스의 연구실에 온 날부터 그들은 서로 싸우기 시작한 것이었다. X선회절에 관해서는 아직 초심자였던 윌킨스는 숙달된 결정학자(結晶學者)인 로지를 맞이하여 그녀로부터 기술 면에서 도움을 받음으로써 그의 연구가 크게 진전될 것을 기대했다. 반면 로지는 윌킨스와는 생각이 달라 DNA는 그녀 자신의 연구 과제라고 주장하고 윌킨스의 조수로 온 것이 아니라고 정면으로 맞서는 것이었다.

윌킨스는 로지가 곧 마음을 가라앉힐 것을 처음에는 바라고 있었으나 좀 두고 보니 도무지 그녀가 꺾일 것 같지 않았다. 그녀는 여자다운

면을 겉으로 나타내는 것을 일부러 피하고 있는 것 같았다. 그녀의 얼굴은 어딘가 강한 인상을 주는 데가 있었지만, 상당히 매력적이었고 옷에 조금만 더 관심을 가졌었더라면 아마 굉장히 미인으로 보였을 것이다. 그러나 그녀는 도무지 옷 같은 데 관심이 없었다. 입술에 립스틱이라도 좀 발랐으면 그녀의 곧고 검은 머리도 한결 더 돋보였을 텐데 그러는 법도 없었고, 서른한 살의 나이에도 불구하고 언제나 문학소녀와 같은 어린 티가 나는 옷을 걸치고 있었다. 마치 어떤 욕구불만인 어머니가 딸이 변변치 못한 사내와 결혼하여 한평생 고생만 할까 봐 그 딸에게 전문적 직업을 몸에 익히도록 지나치게 극성을 부린 결과 그녀 같은 여자가 만들어진 듯한 인상이었다. 그러나 사실은 그렇지 않고 로지는 단란하고 유식한 은행가의 딸이었으니 그녀의 헌신적인 연구 태도와 엄격한 생활은 도무지 어디에서 나온 것인지 설명할 도리가 없었다. 로지와 윌킨스 두 사람의 사이로 보아 해결책이라면 로지가 그만두거나 또는 윌킨스와 독립해서 일을 하거나의 둘뿐이었다. 한발도 양보하지 않는 로지의 태도로 보아서는 그녀가 그만두어야만 윌킨스가 안심하고 DNA의 연구에 몰두할 수 있을 것 같았다.

때로는 로지의 불평에도 그럴 만한 이유가 없는 것은 아니었다. 킹스대학에는 옛날부터 남자용과 여자용으로 휴게실이 나뉘어져 있었는데, 여자용은 어두컴컴하고 협소한 반면, 남자용은 돈을 들여서 단장하여 아침 커피를 마시기에도 기분 좋게 꾸며져 있었다. 이에 대한 로지의 가시 돋친 불만은 그 책임이 윌킨스에게 있는 것은 아니었지만 그로

모리스 윌킨스

서는 견디기 괴로운 일이 아닐 수 없었다.

불행히도 윌킨스에게는 로지를 해고할 마땅한 이유가 없었다. 로지가 처음 왔을 때 그는 몇 년간을 같이 일해 달라고 미리 당부해 버린 것이다. 그리고 로지가 비상한 두뇌를 가지고 있다는 것도 부인할 수 없었다. 그녀가 감정을 조금만 더 억눌렀더라도 윌킨스에게는 더없이 훌륭한 조력자가 될 수 있었을 것이다. 그러나 이 두 사람 사이가 좋아지기를 기다리고만 있는 것은 도박을 하는 것과 같았다. 왜냐하면 미국의 칼텍[Caltech, 캘리포니아 공과대학의 약칭(略秤)]에 있는, 세계가 다 아는 유명한 화학자 라이너스 폴링은 영국식 페어플레이 정신 같은 것에는 조금도 구애받지 않을 것이 분명했기 때문이었다. 이제 나이가 갓 쉰을 넘은 폴링은 조만간 과학 분야의 최고상을 노리고 나설 것이 틀림없다. 그도 DNA에 관심을 가지고 있다는 것은 의심할 여지가 없었다. 세계에서 최고의 화학자라고 부르는 폴링이 DNA의 중요성을 인식하지 못하고 있을 리 만무했다. 또 그 증거로 이미 윌킨스는 폴링으로부터 결정 DNA의 X선 사진을 한 장 복사해서 보내달라는 편지를 받은 터였다. 이 편지를 받고 윌킨스는 잠시 망설이다가 그의 실험 결과를 좀 더 면밀히 검토해 본 다음 보내겠다고 회답을 썼다.

이런저런 일로 해서 윌킨스는 도무지 마음이 안정되지 않았다. 그가 물리학을 떠나서 생물학에 투신한 것은 생물학에 있어 원자의 중요성을 연구하기 위한 것이지 인간적인 면에서 물리학에서나 마찬가지의 불쾌감을 맛보기 위한 것은 절대로 아니었던 것이다. 폴링과 크릭이라는 두 존재가 그의 목을 점점 졸라매는 것 같은 압박감에 윌킨스는 잠도 제대로 이루지 못할 지경이었다. 하지만 폴링은 6000마일이나 떨어진 곳에 있고 크릭만 하더라도 기차도 두 시간이나 걸리는 곳에 떨어져 있으니 당장의 문제는 로지였다. 윌킨스는 차라리 자기가 다른 곳으로 떠날까 하는 생각을 할 때가 한두 번이 아니었다.

3

나에게 처음으로 DNA의 X선 연구에 관심을 갖게 한 것은 윌킨스였다. 내가 크릭을 알기 전의 일인데 1951년 봄에 이탈리아의 나폴리(Napoli)에서 생물 세포 내 고분자 구조에 대한 소규모의 학술회의가 열렸다. 그 당시 나는 이미 DNA의 연구에 관여한 터였고 이 물질의 생화학을 공부하기 위해서 미국에서 유럽에 와 있었다. 내가 DNA에 관심을 갖게 된 것은 대학 4학년 시절 유전자의 본질을 연구해 보고 싶은 충동에서였다. 그 후 인디애나(Indiana) 대학의 대학원에 들어간 나는 화학을 공부하지 않아도 유전자의 본질을 해명할 수 없을까 하고 궁리하고 있었다. 이런 생각을 하게 된 것은 나의 게으름 탓도 있었다. 나는 시카고대학 재학 중 주로 새에 관심을 두고 있었고 까다롭게 보이기만 하는 화학이나 물리학 과목들을 어떻게 하면 이수하지 않아도 넘어갈 수 있을까 하는 궁리에 바빴다. 인디애나대학의 생화학 교수들은 나에게 유기화학을 공부하라고 권하고 있었으나 내가 벤젠을 분젠 버너의 불꽃으로 데우는 것을 본 다음부터는 아예 단념해 버리고 말았다. 섣불리 유기화학을 공부시키다가 폭발 사고라도 일으키는 것보다는 차라리 엉터리 박사로 내보내는 것이 보다 안전하다고 생각했던 모양이다.

그래서 나는 학위를 따고 난 뒤 생화학자 헤르만 칼카르(Herman Kalckar) 아래에서 연구를 계속하기 위하여 코펜하겐(Copenhagen)에 갈 때까지 화학은 공부하지 않아도 되었다. 그리고 코펜하겐에 가기만 하면 화학에 대해서는 도통 무식한 나의 머리로도 문제를 완전히 극복할 수 있을 것으로 생각하였다. 나의 이러한 생각은 내 지도교수였던 살바도르 루리아(Salvador Luria, 1912~1991, 1969년 노벨 생리학·의상학 수상)에도 원인이 있다. 이탈리아에서 공부한 이 미생물학자는 대다수 화학자들, 특히 뉴욕시의 빌딩의 숲속에서 태어난 경쟁밖에 모르는 변종(變種)들을 몹시도 싫어했다. 그러나 칼카르은 분명히 교양 있는 학자라고 생각하여 루리아는 나를 그곳에 보내서 필요한 화학적 연구 방법을 익혀 오게 하면 눈앞의 이익만을 추구하고 있는 미국의 유기화학자들의 신세를 지지 않아도 되리라고 생각한 것이다.

당시 루리아의 연구는 주로 박테리아에 기생하는 바이러스(박테리오 파지, 또는 줄여서 파지라고 부른다)의 증식에 관한 것이었다. 그 몇 년 전쯤부터 유전학자들 사이에는 바이러스가 바로 벌거벗은 유전자가 아닌가 하는 추측이 돌고 있었다. 사실이 그렇다면 유전학의 본질과 복제의 메커니즘을 구명하는 데는 바이러스의 성질을 연구하는 것이 가장 지름길일 것이다. 그래서 1940년과 1950년 사이에 바이러스 중에서도 가장 간단한 파지를 실험 재료로 사용하여 많은 과학자들('파지 그룹'이라고 불렀다)이 유전자가 생물의 유전 현상을 지배하는 메커니즘을 해명하려고 연구를 거듭하고 있었다. 이 파지 그룹의 지도적 인물이 루리아와 그의 친구인 독일 태생의 이론물리학자 막스 델브뤽(Max Delbruck, 1906~1981, 1969년 노벨 생리학·의학상 수상)이었다.

당시 칼텍의 교수였던 델브뤽은 순전히 유전학적인 방법만으로도 문제를 해결할 수 있으리라고 기대하고 있었으나, 루리아는 바이러스(즉, 유전자)의 화학적 구조를 밝히지 않고는 문제를 해결할 수 없다고 생각하고 있었다. 물체의 본질을 모르고는 그 물체의 작용을 알 수 없다고 그는 이미 내다보고 있었던 것이다. 그러나 이제 와서 루리아 자신이 화학 공부를 시작할 수도 없는 터였으므로 그는 나를 화학자에게 보내서 훈련시키는 것이 최상의 방법이라고 생각하였다.

나를 단백질화학자와 핵산화학자의 길 중 어느 쪽에 보내느냐 하는 것은 간단한 문제였다. DNA는 파지의 구성 물질의 약 절반밖에 차지하고 있지 않지만(나머지 절반은 단백질) 에이버리의 실험 결과는 이것이 유전자의 기본 물질임을 강력히 시사하고 있었기 때문이다. 따라서 DNA의 화학구조를 밝히는 것이 유전자의 복제 메커니즘을 구명하는 기본요건이 되는 것이다. 그러나 단백질과 달라 DNA에 대한 그 당시의 화학적 연구는 너무나 빈약했다. 이 물질을 연구하고 있는 화학자도 극히 드물었고 또 이 이물질은 뉴클레오타이드(nucleotide)라고 하는 수많은 단위 물질이 모여서 이루어진 고분자라고 하는 점 이외에는 유전학자가 참고할 만한 화학적 지견(知見)도 그 당시에는 거의 없었다. 뿐만 아니라 DNA를 연구하고 있는 화학자들은 대부분이 유전학에는 아무

런 관심이 없는 유기화학자들이었다. 그러나 칼카르는 예외였다. 1945
년 여름에 그는 박테리아의 바이러스에 관한 델브뤽의 강연을 들으러
뉴욕주에 있는 콜드 스프링 하버 연구소(Cold Spring Harbor Laboratory)
를 찾아왔다. 그때부터 루리아와 델브뤽은 코펜하겐에 있는 칼카르의
연구실이야말로 화학과 유전학이 서로 제휴하여 알찬 생물학적 결실을
이룩할 수 있는 가장 적절한 산실일 것이라고 기대하고 있었던 것이다.

그러나 막상 가보니 사정은 전혀 달랐다. 칼카르는 나에게 아무런
자극도 주지 않았고 핵산의 화학에 관하여 공부가 안 되기는 미국에 있
을 때나 마찬가지였다. 내가 그곳에서 핵산의 화학 공부를 못한 것은
칼카르가 그 당시 연구하고 있던 내용(핵산의 물질대사)이 유전학에는 아
무 쓸모가 없는 것이라고 나 혼자 단정하고 있었기 때문이기도 하였다.
또 한 가지는 칼카르는 확실히 교양 있는 학자이기는 하였으나 나는 그
의 발음을 도무지 알아들을 수가 없었던 것이다.

그러나 칼카르의 아주 친한 친구인 올레 몰뢰(Ole Maal ø e)의 영어는
알아들을 수가 있었다. 몰뢰는 그때 미국(캘리포니아 공과대학)에서 돌아
온 지 얼마 안 되었을 때였는데 미국에서는(그곳에서는) 내가 학위논문에
서 사용한 것과 같은 재료인 파지에 관해서 몹시 흥미를 느낀 듯, 돌아
와서는 그전에 하던 연구 과제를 집어치우고 파지에 관한 연구만 하고
있었다.

당시 덴마크에서 파지를 연구하고 있던 사람은 그뿐이었다. 그는 나
와 델브뤽의 연구실에서 온 군터 스텐트(Gunther Stent, 1924~2008) 두

사람이 칼카르의 연구실에 파지의 연구를 하러 온 것을 몹시 기뻐했었다. 군터 스텐트와 나는 곧 칼카르의 연구실에서 수마일 떨어진 곳에 있는 몰뢰의 연구실에 자주 가게 되었고 몇 주일 후에는 몰뢰와 함께 활발하게 실험을 하게까지 되었다.

그러나 나는 몰뢰의 연구실에서 고전적인 파지의 연구를 하면서도 때때로 마음이 불안하였다. 그것은 내가 받은 장학금은 분명히 칼카르의 밑에서 생화학을 공부한다는 조건부였기 때문이다. 나는 말하자면 계약위반을 한 셈이었다. 뿐만 아니라 내가 코펜하겐에 도착한 지 석 달도 안 되어서 다음 해의 연구계획서를 제출하라는 통보를 받은 것이다. 나는 1년 후의 연구 계획 같은 것은 전혀 가지고 있지 않았기 때문에 이것은 간단한 문제가 아니었다. 가장 안전한 길이라면 칼카르의 아래에서 1년 더 연구하게 해달라는 장학금 연장신청서를 내는 길뿐이었다. 생화학에는 전혀 흥미가 일지 않는다고 썼다가는 장학금 연장은 안 될 것이 뻔했기 때문이다. 그리고 일단 장학금 지급 기간이 연장되고 난 뒤에 연구 계획을 변경해도 승인을 받을 수 있으리라고 나는 생각했다. 그래서 나는 코펜하겐의 자극적인 연구 분위기 속에서 1년을 더 공부하고 싶다고 워싱턴에 편지를 띄웠고, 워싱턴에서 곧 1년 더 연장해 준다는 회신이 날아왔다. 워싱턴에서는 칼카르에게 한 사람의 생화학자를 훈련시키는 것이 합당하다고 생각한 모양이었다(장학금심사위원 가운데 몇 사람은 칼카르를 개인적으로 알고 있었다).

칼카르의 기분도 또 한 가지 문제였다. 내가 그의 연구실에 거의 붙

1951년 3월 코펜하겐 이론물리학 연구소에서 개최된 미생물유전학회에서 찍은 스냅 사진. 앞줄(왼쪽부터): 몰뢰, 라타르옛, 볼만, 뒷줄(왼쪽부터): 보어, 비스콘티, 에린스바드, 바이델, 히덴, 보니파스, 스텐트, 칼카르, 라이트, 왓슨, 웨스터가드

어 있지 않는 것을 그는 언짢게 생각하고 있었는지도 모른다. 혹은 그는 대개의 일에는 무관심한 편이므로 그것을 눈치채지 못하고 있었는지도 모른다. 그러나 다행히도 정말 예기치 않았던 어떤 일로 해서 나는 이런 도의적인 면에서의 걱정을 안 해도 되게 되었다. 12월의 어느 날 아침 일찍 나는 자전거를 타고 오늘도 또 칼카르와의 그 동문서답인, 그러나 일면 재미가 없지도 않은 대화를 해야 하나 생각하면서 칼

카르의 연구실로 가고 있었다. 그날따라 나는 칼카르의 영어를 어지간히 알아들을 수 있었는데 듣고 보니 그에게는 중대한 문제가 생기고 있었다. 그는 이혼(離婚)하려 하고 있었던 것이다. 이 사실은 곧 연구실 안의 모든 사람에게 다 알려졌다. 며칠 후 칼카르의 머리는 당분간 적어도 내가 코펜하겐에 체류하고 있을 동안은 연구에 집중될 수 없으리라는 것이 분명해졌다. 이렇게 되고 보니 그가 나에게 핵산의 생화학을 가르치지 않아도 된다는 것은 차라리 잘된 일이었다. 나는 칼카르에게 생화학을 가르쳐달라고 조르는 것보다는 장학금 심사위원들을 속이고 있는 것이 차라리 낫다는 생각으로 매일같이 안심하고 자전거를 몰아서 몰뢰의 실험실에 부지런히 다니고 있었다.

게다가 나는 그 파지에 관한 실험이 퍽 재미있었다. 그래서 약 석 달 만에 몰뢰와 나는 박테리아 세포 안에서 바이러스 입자가 어떤 과정을 거쳐 수백 개의 새로운 바이러스 입자로 증식하는가에 관한 일련의 실험을 완료하여 한 편의 논문을 발표하기에 충분한 자료를 얻었다. 그만하면 일을 더 하지 않고 연말까지 놀아도 아무도 탓할 사람은 없을 정도였다. 그러나 반면 유전자의 본질이나 그 복제에 관해서는 무엇 하나 얻은 바가 없었다는 것도 분명했다. 그것은 내가 화학자가 되기 전에는 어쩔 수 없는 일이었다.

그래서 그해 봄에 칼카르가 4~5월 두 달을 나폴리의 동물학연구소에서 보내려고 하는데 같이 가지 않겠느냐고 말했을 때 나는 그 여행도 괜찮으리라 생각하고 즐거이 같이 가기로 했다. 봄도 없는 코펜하겐에 하릴없이 우두커니 있는 것보다는 나폴리의 찬란한 태양 아래에서 해양 동물의 배발생(胚發生)의 생화학에 관하여 무언가를 배우는 쪽이 신나는 일임은 틀림없었다. 또 거기서 유전학 서적을 조용히 읽는다는 것도 좋을 것이었다. 그리고 유전학에 지치면 생화학 책도 읽어보리라. 나는 곧 미국으로 편지를 써서 칼카르와의 여행 승인을 신청하였다. 워싱턴에서는 곧 즐거운 여행이 되기를 바란다고 하는 승인통지서와 함께 인심 좋게도 여비로 200달러까지 동봉해 왔다. 나는 나폴리의 밝은 태양을 향하여 출발하면서 마음 한구석이 약간의 미안함을 느끼지 않을 수가 없었다.

4

윌킨스도 나와 마찬가지로 뚜렷한 연구 목적을 갖고 나폴리에 온 것은 아니었다. 그가 먼 런던에서 나폴리까지 온 것은 그의 지도교수인 랜들(J. T. Randall) 교수의 뜻밖의 선심에서였다. 당초 계획으로는 랜들 교수가 나폴리에 와서 고분자에 관한 학술회의에 참석하여 그가 최근 신설한 생물물리학 연구실에서 진행되고 있는 연구의 내용을 논문으로 발표할 예정이었는데 그가 사정으로 못 오게 되자 대신 윌킨스를 보낸 것이다. 이 회의에 한 사람도 안 갔다면 그의 킹스 대학 연구실의 입장이 곤란했을 것이다. 그가 생물물리학 연구실을 신설할 때는 가난한 국고에서 막대한 금액이 지급되었는데 그 돈이 다 헛되이 되지 않았나 하는 의문이 항간에 없지 않아 있었기 때문이다.

이탈리아에서의 이런 작은 학술회의에 대단한 논문이 발표될 것 같지 않았다. 대체로 이런 회합이란 것은 이탈리아어를 모르는 몇 사람의 외국인을 초청해 놓고 이탈리아 사람들이 모여서 떠드는 정도에 불과한 것이다. 초청된 외국인들이 그들의 유일한 공통언어인 영어로 단 위에서 지껄여 대면 그것을 알아듣는 이탈리아인은 거의 없는 것이었다.

이런 회합에서의 수확이라고 한다면 관광명소나 사원을 구경하는 관광 코스뿐이고 회의에서 얻은 것이란 진부(陳腐)한 연구 결과들밖에 없다.

월킨스가 도착했을 때는 나는 벌써 지루함에 지쳐서 코펜하겐으로 돌아가고 싶은 생각뿐이었다. 내가 칼카르를 따라온 것이 애당초 잘못이었다. 나폴리에 와서 처음 6주 동안은 추워서 견딜 수가 없었다. 동물학연구소 안이나 19세기 건물의 6층 꼭대기에 있는 내 방에는 난방 장치라고는 없어서 실내 온도가 형편없었고 일기 예보도 엉터리였다. 차라리 실험이나 하면서 몸을 움직이면 도서관에서 책을 보고 있는 것보다는 훨씬 덜 추웠겠지만 해양 동물에 대해서는 조금도 흥미가 없었던 나는 실험을 할 생각도 나지 않았다. 때때로 칼카르가 분주히 생화학 실험을 하고 있는 언저리에 우두커니 서서 구경을 하기도 했는데, 그러는 동안에 차차 칼카르의 발음도 알아들을 수가 있게 되었다. 그러나 그의 말을 알아듣게 되었다고 해도 나에게는 아무 소용이 없었다. 그는 유전자에 관해서는 전혀 생각이 없었던 것이다.

나는 거리를 거닐거나 유전학이 초기 논문들을 읽으면서 하루하루를 보내고 있었다. 때로는 낮잠을 자면서 유전자의 비밀을 발견하는 꿈도 꾸었으나 뾰족한 아이디어라고는 하나도 머리에 떠오르는 것이 없었다. 이러다가는 나는 아무 일도 못하고 말겠구나 하는 불안감에 항상 초조했고 어차피 나폴리에 일하러 온 것은 아니니까 좀 쉬자고 나 자신을 달래도 소용이 없었다.

그러나 생물체 내 고분자의 구조에 관한 회합에서는 무언가 얻은 점이 있지 않을까 하는 한 줄기 희망은 남아 있었다. 나는 화학구조 분석에 가장 많이 쓰이는 X선회절법에 관해서는 아는 바가 전혀 없었지만 실제로 이야기를 들으면 논문보다도 훨씬 이해하기 쉬우리라고 생각했다. 특히 랜들의 핵산에 관한 강연은 꼭 듣고 싶었다. 그 당시 핵분자의 3차원적인 입체 구조에 관한 논문이라고는 발표된 것이 거의 없었다. 이것이 나의 화학에 대한 의용을 저해(沮害)했는지도 모른다. 화학자가 핵산에 관해서 아무런 뾰족한 업적도 내지 않고 있는 터에 내가 왜 그 귀찮은 화학을 애써 공부해야 하는가?

그러나 나의 기대는 산산이 깨어졌고 나는 그 회의에서 아무런 새로운 것도 얻는 바가 없었다. 단백질과 핵산은 3차원적 구조에 관한 강연들은 대부분 과장이 많았다. 이 방면의 연구는 이미 15년 이상이나 되었는데도 그 내용은 대부분이 아직도 애매한 것이었다. 그 회의에서 확신을 갖고 발표되는 것은 주로 아무도 비판할 사람이 없는 독자적인 분야에서 일하기를 좋아하는 결정학자들의 조잡한 연구 결과들뿐이었다. 그래서 칼카르를 비롯하여 모든 생화학자들은 X선 전문가의 발표를 알아듣지 못해도 조금도 불안해하지 않았다. 그따위 내용을 알아듣기 위해서 이제 새삼스럽게 그 복잡한 수학을 공부할 필요는 없다고 생각한 것이다. 이런 이유로 나의 은사들도 누구 하나 장차 내가 학위를 따고 난 뒤 X선 결정학자와 공동연구를 할 것이라고 생각하지는 않았다.

그러나 윌킨스만은 나를 실망시키지 않았다. 랜들 대신에 윌킨스가 왔다는 것은 나에게 아무 상관이 없는 일이었다. 어차피 나는 두 사람을 다 모르는 처지였으니까. 윌킨스의 강연은 내용이 아주 분명하였고 월등히 뛰어나 있었다. 이 회의에 참가한 사람들 가운데 몇 사람은 회의의 목적과는 관계가 없는 내용의 논문들을 발표했는데 다행히 이탈리아어로 했기 때문에 초청된 외국인들이 듣기 지루해서 몸을 비틀고 있어도 그다지 실례라고 생각되지는 않았다. 또 그 당시 나폴리의 동물학연구소에 객원으로 와있던 유럽의 생물학자들도 몇 있었으나 그들의 발표도 고분자 구조에는 별로 언급이 없었다. 그러나 윌킨스의 발표는 달랐다. 그가 강연의 마지막에 가서 스크린에 비친 DNA의 X선회절상은 정말 인상적이었다. 그의 영어는 간결하고 명료하여, 그 회절상이 종전에 발표되었던 것보다 훨씬 상세하며 또 사실상 DNA의 진짜 결정구조를 나타내는 것이라고 설명할 때도 그는 흥분하는 법이 없었다. 이것으로 DNA의 구조가 밝혀지면 유전자의 작용을 해명하는 데 큰 도움이 되는 것이다.

갑자기 나는 화학에 대해서 매력을 느끼게 되었다. 윌킨스의 강연을 듣기 전까지 나는 유전자라는 것은 터무니없이 불규칙적인 물질이 아닌가 하고 상상하고 있었으나 그제야 유전자는 결정화될 수 있고, 따라서 규칙적인 구조를 가지고 있으므로 직접적인 방법으로 이 구조를 해결할 수 있을 것이라고 생각하게 되었다. 나는 불현듯 윌킨스와 함께 DNA에 대해서 연구해 보았으면 하는 충동을 느꼈다. 그래서 강연이 끝나자 곧 윌킨스를 찾았다. 그는 강연에서 발표한 것 이상으로 훨씬 더 많은 사실을 알고 있음이 틀림없었다. 과학자라는 것은 그가 절대적으로 옳다고 생각하지 않는 이상 대중 앞에서 말하지 않는 법이기 때문이다. 그러나 나는 그와 이야기를 나눌 기회를 갖지 못했다. 윌킨스는 어디론가 사라져 버리고 만 것이었다.

그 이튿날 회의의 참석자 전원이 파에스툼(Paestum)에 있는 그리스 신전 구경에 나섰을 때 나는 겨우 윌킨스를 만날 수 있었다. 버스를 기다리는 동안 나는 그에게 DNA에 대해서 내가 몹시 관심을 두고 있다고 말했으나 마침 그때 버스가 도착해 이야기는 중단되고 말았다. 버스에서 나는 그때 막 미국에서 그곳에 도착한 나의 누이동생 엘리자베스(Elizabeth)와 같이 앉아 있었고 사원에 도착해서는 일행이 뿔뿔이 헤어졌기 때문에 더 이상 이야기할 기회가 없었다. 그러다 드디어 천재일우(天載一遇)의 기회가 왔다. 윌킨스가 내 여동생이 상당한 미인인 것을 보고 함께 점심을 나누고 있었던 것이다. 나는 속으로 몹시 기뻐했다. 그 몇 년 동안 엘리자베스에게는 바보 같은 녀석 여럿이 뒤를 따라다니고 있었는데, 이제야 엘리자베스의 인생을 바꿀 가능성이 활짝 열렸구나 하는 생각에서였다. 이제 나는 그녀가 얼간이 같은 녀석과 결혼이라도 하지 않나 하는 염려를 하지 않아도 될지 모르겠다. 뿐만 아니라 윌킨스가 내 여동생을 정말 좋아하게 된다면 나도 그가 수행 중이던 DNA X선 연구와 밀접한 관계를 맺을 수 있게 된다. 그래서 나는 윌킨스가 "실례합니다" 하고 자리를 떠서 저만치 떨어진 곳에 혼자 가 앉았을 때도 실망하지 않았다. 그는 분명히 예절이 바른 사람이어서 내가 여동생과 할 이야기가 있을 것으로 생각했을 터엿기 때문이다.

그러나 윌킨스와 함께 연구함으로써 장차 내가 차지하게 될지도 모를 빛나는 영광을 잠시나마 꿈꾸고 있던 나의 백일몽은 관광이 끝나 나폴리에 돌아오자마자 산산이 깨져 버리고 말았다. 윌킨스는 우리에게 고개만 가볍게 끄덕하고는 뒤도 돌아보지 않고 그의 호텔로 돌아가 버린 것이다. 내 동생의 미모도 DNA에 대한 나의 열렬한 관심도 그를 붙잡을 수가 없었다. 그와 함께 런던에서 일한다는 희망은 도저히 이루어질 것 같지 않았다. 나는 씁쓸한 기분으로 코펜하겐으로 돌아가면서 생화학 같은 것은 이제 더 이상 하지 않으리라고 마음먹고 있었다.

5

    나는 윌킨스를 점점 잊어가고 있었으나 그의 DNA X선 사진은 잊을 수가 없었다. 생명의 신비를 푸는 핵심적인 열쇠는 나의 머리에서 잠시도 떠나지 않았다. 그 열쇠를 나 자신이 아직 분석하지 못한다는 사실은 그다지 괴롭지 않았다. 어떤 생각에 대해서 모험이라고는 해 본 적이 없는 산송장 같은 학자가 되느니보다는 장차 유명해진 나 자신을 상상하고 있는 것이 훨씬 더 나았다. 때마침 들어온 라이너스 폴링이 단백질의 구조를 일부 해결하였다는 놀라운 소식도 나에게 큰 용기를 주었다. 나는 제네바(Geneve)에 가서 스위스의 파지학자 장바이글(Jean Weigle)과 만났을 때 이 소식을 들었다. 그는 칼텍에서 겨울 동안 일하다가 막 돌아왔을 때였는데, 돌아오기 직전에 폴링이 강의실에서 그 이야기를 하는 것을 듣고 온 것이다.

    그의 말에 의하면 폴링의 강의는 극적인 재치가 넘쳐흘렀다고 한다. 마치 평생을 쇼에 몸담았던 사람처럼 그의 입에서는 말이 청산유수(靑山流水)처럼 쏟아져 나왔다. 그는 모형을 포장으로 가려두었다가 강의가 끝나갈 무렵 그것을 획 젖혀서 그의 새 발견물을 의기양양하게 내보이는 것이었다. 그가 그 모형[알파나선(螺旋), α-helix]의 정당성을 뒷받침하는 여러 가지 특징을 설명할 때 그의 눈에서는 광채가 반짝이고 있었다. 그의 연동에는 언제나 사람을 매혹시키는 멋이 있었는데 그날도 젊은 학생들은 이 쇼에 홀딱 반했을 것이 틀림없다. 이 지구상에 폴링과 같은 위대한 화학자가 또 있을까 하고 학생들은 경탄해 마지않았을 것이다. 그의 뛰어난 두뇌와 사람을 사로잡는 독특한 미소에는 누구나 반하지 않을 수 없는 것이다. 그러나 몇몇 동료 교수들은 이 광경을 착잡한 심정으로 지켜보고 있었다. 그들은 폴링이 교단에서 내려왔다가 또 금방 뛰어올라가며 마치 마술사가 구두 속에서 토끼를 잡아내듯 쇼를 부리는 것을 보고 속으로 못마땅하게 생각하고 있었다. 그가 조금만 더 겸손했더라면 그렇게 동료들 간에 인기를 잃지는 않았을 것을! 그가 설사 팥으로 메주를 쑨다고 해도 그 넘쳐흐르는 자신만만한 태도로 말미암아 학생들은 곧이들을 것이다. 폴링의 동료 교수들 가운데는 그가 무슨 중요한 문제에서 실수하여 코가 납작해지는 날이 오기를 은근히 기다리고 있는 사람들이 많았다.

그러나 바이글은 폴링의 α나선모형이 옳은지 그른지에 대해서는 전혀 몰랐다. 그는 X선 결정학자가 아니었기 때문에 전문적인 입장에서 그 모형을 판단할 수 없었던 것이다. 그러나 구조화학을 연구하고 있는 그의 친구들은 다 α나선모형이 아주 그럴싸하다고 생각하고 있었기 때문에 바이글도 폴링의 이론이 옳은 것으로 생각하고 있었다. 그렇다면 폴링은 또 한 번 위대한 업적을 이룩한 셈이다. 그리고 생물학적으로 중요한 고분자의 구조를 뚜렷이 밝혀낸 최초의 사람이 될지도 모른다. 그는 정말 기막힌 어떤 새로운 방법을 생각해 내서 그것으로 핵산에도 육박해 올지 모른다. 그러나 바이글에게 들은 바에 의하면 아직은 아무런 새로운 방법도 고안해 낸 것 같지는 않았다. 바이글이 아는 바라고는 α나선 논문이 곧 발표되리라는 것뿐이었다.

폴링의 그 논문이 실린 잡지는 내가 코펜하겐에 돌아가 보니 이미 미국에 와 있었다. 나는 그것을 곧 두세 번 거듭 읽어보았으나 어려워서 잘 모르겠고 다만 내용의 윤곽을 파악할 수 있을 뿐이었으며, 그 논문의 타당성 같은 것은 판단할 길이 없었다. 다만 확실한 것은 문장이 멋지다는 것이었다. 며칠 후 그 잡지의 다음 호가 도착했는데 거기에는 폴링의 논문이 7편이나 더 실려 있었다. 그 문장들도 멋으로 가득 찼고 수사학적 문장 기교가 넘쳐흐르고 있었다. '콜라겐(collagen)은 대단히 흥미 있는 단백질이다.' 나는 이글을 보고 만약 내가 DNA의 구조를 밝혀서 그것을 논문으로 쓴다면 첫 문구를 어떻게 시작할까 생각했다. 가령 '유전자는 유전학자에게 대단히 흥미 있는 존재이다'라고 시작한다면 나와 폴링의 사고방식 차이를 잘 나타내줄 것이다.

그때부터 나는 어디에 가면 X선 회절상 분석법을 배울 수 있을까 하고 생각하기 시작하였다. 칼텍은 안 될 것이다. 폴링은 너무나 유명해서 나같이 수학도 잘 모르는 생물학도를 일일이 가르쳐줄 시간은 없을 것이다. 그렇다고 윌킨스에게 신세를 지기도 이제는 싫었다. 남은 곳은 영국의 케임브리지대학뿐이었다. 거기에는 막스 페루츠라는 사람이 생

원자 모델 옆에 있는 라이너스 폴링

체고분자(生體高分子), 특히 헤모글로빈(hemoglobin)이라는 단백질 구조에 대해서 관심이 크다는 것을 알고 있었다. 그래서 루리아에게 편지를 써서 최근의 나의 심정을 알리고 케임브리지대학에 가서 일하려면 어떻게 해야 하는지 물었다. 그런데 일은 의외로 간단하게 해결됐다. 내 편지를 받은 직후 루리아는 앤 아버(Ann Arbor)의 조그만 학회에 참석

46

했는데 거기서 페루츠의 공동연구자인 존 켄드루(John Kendrew, 1917~, 1962년 노벨 화학상 수상)를 만난 것이다. 다행히도 켄드루는 루리아에게 좋은 인상을 준 모양이다. 칼카르나 마찬가지로 켄드루도 교양 있는 사람이었고 노동당 지지파였다. 게다가 케임브리지에서는 사람이 모자라서 켄드루도 미오글로빈(myoglobin)이라는 단백질을 함께 연구할 사람을 찾는 중이었다. 루리아는 곧 나를 그에게 추천하고 나에게도 그 소식을 보내왔다.

그것은 내 첫해의 장학금이 만료되기 꼭 한 달 전인 8월 초였다. 따라서 나로서는 연구 계획 변경을 워싱턴에 빨리 알려야만 했다. 그러나 나는 케임브리지대학에서 받아준다는 공식적인 통보가 올 때까지 기다리기로 했다. 일이란 반드시 잘 된다는 보장은 없는 것이다. 페루츠를 만나서 개인적으로 이야기해 보고 난 뒤에 편지를 쓰는 것이 좋을 것이다. 그래야만 편지에 내가 영국에서 하고자 하는 일의 내용을 상세히 쓸 수도 있을 것이다. 그러나 나는 곧 영국으로 가보지는 않고 실험실에서 이류(二流)이기는 하지만 약간은 재미있는 어떤 실험을 하고 있었다. 왜냐하면 머지않아 곧 코펜하겐에서 국제소아마비학회가 열릴 예정이었고 그 회의에 여러 파지학자들이 참석할 예정이기에 코펜하겐을 떠나기 싫었던 것이다. 그 회의에는 막스 델브뤼도 올 예정이었는데, 그는 칼텍의 교수였으니까 폴링의 최신 방법에 관해서 알고 있을는지도 모른다.

그러나 델브뤼은 신통한 소식을 가지고 있지 않았다. α나선은 그 자체로는 옳은지 모르지만 아무런 생물학적 의의도 없다고 하면서 그는 말하는 것도 귀찮아했다. 내가 DNA의 멋있는 X선 사진 이야기를 해도 그는 통 반응을 나타내지 않았다. 델브뤽은 이렇게 무뚝뚝했지만 소아마비학회는 전례 없이 대성황을 이루었기 때문에 나는 별로 실망하지 않고 부지런히 학회에 나갔다. 수백 명의 참가자들이 도착한 그날부터 일부는 미국 달러의 보조로 마련된 공짜 샴페인이 얼마든지 쏟아져 나와 국제적 친선을 도모하는 데 큰 도움이 되었다. 일주일 동안 매일 밤 환영회다 만찬회다 해서 법석이었고 그것이 끝나면 한밤중에 해변의 술집에 몰려가는 것이었다. 유럽의 몰락해 가는 귀족사회를 연상시키는 이런 호화판 생활을 나는 처음으로 경험했다. 과학자의 생활이란 것은 지적인 면뿐만 아니라 사회적인 면에서도 재미있는 것이라는 생각이 서서히 내 머릿속에 박히기 시작하였다. 나는 아주 좋은 기분으로 영국을 향해 출발했다.

6

점심 때가 막 지나서 나는 막스 페루츠의 연구실로 찾아갔다. 존 켄드루는 그때 아직 미국에 있었는데, 페루츠는 내가 찾아올 것을 알고 있었다. 누군가 편지로 '한 미국 생물학자가 같이 일하고자 한다'라는 내용을 페루츠에게 알린 듯했다. 나는 페루츠에게 X선 회절에 관해서는 문외한이라고 말하니까 그는 고등수학이 필요한 것도 아니고 켄드루도 학부에서는 화학 공부만 한 사람이라면서 조금도 염려할 것은 없다고 했다. 다만 결정학의 참고서 한 권만 읽으면 X선 회절 사진을 찍는 데 필요한 이론을 충분히 이해할 거라고 말했다. 예를 들어 그는 폴링의 α나선을 확인해 보기 위해 그가 생각한 간단한 방법을 내게 설명해 주었다. 그리고 하루면 충분히 폴링의 이론을 확인해 볼 수 있다고 덧붙였다. 그러나 나는 그의 설명을 도무지 알아들을 수가 없었다. 나는 결정학의 가장 기본 개념인 브래그의 법칙(Bragg's Law)조차도 모르고 있었기 때문이다.

우리는 밖으로 나가 하숙을 찾기로 하였다. 페루츠는 내가 기차에서 내리자마자 바로 연구소로 온 것을 알고 하숙을 찾기 전에 먼저 대학 구경부터 하자면서 킹스대학 곳곳을 안내해 주었다. 그리고 뒤뜰을 지나서 트리니티 대학의 그레이트 코트(Great Court)까지 구경시켜 주었다. 나는 일찍이 이렇게 아름다운 건물을 본 적이 없었다. 어쩐지 나는 이 건물을 보면서 생물학자로서의 안일한 생활을 버리기로 한 데 대한 한 가닥의 미련을 훌훌 털어버릴 수 있었다. 그리고 하숙방이 있다는 몇몇 어두침침한 집을 들여다보았을 때도 과히 실망하지 않았다. 찰스 디킨스(Charles Dikens, 1812~1870, 영국 작가)의 소설을 읽은 나는 영국인 자신이 부정하고 있는 운명에나 스스로가 빠져들 것으로는 생각하지 않았다. 사실 연구소에서 걸어서 10분도 걸리지 않는 곳의 2층집에 방 하나를 구했을 때는 정말 행운이라고까지 생각했던 것이다.

이튿날 아침 나는 캐번디시 연구소에 다시 나갔다. 페루츠가 내게 로런스 브래그 경(卿)을 만나라고 했기 때문이다. 내가 도착했다는 페루츠의 전화를 받고 2층 사무실에서 내려온 브래그 경은 나에게 두어 마디 물어보고서는 곧 페루츠와 단둘이서 딴 방으로 갔다. 얼마 후에 다시 나타난 브래그 경은 나에게 그곳에서 일해도 좋다는 공식 통고를 하였다. 그의 일거일동(一擧一動)은 그야말로 영국식 그대로였고 나는 이 흰 수염을 기른 노신사의 모습을 보고 아테네 궁전을 방불케 하는 런던의 클럽에서 하루 종일 가만히 앉아 지내는 수많은 노인을 연상하였다.

나는 이 과거의 유물 같은, 언뜻 보기에 진기(珍奇)한 감을 주는 노인과 후일 함께 일하게 되리라고는 그 당시엔 상상조차 해보지 않았다. 브래그 경의 명성은 너무도 자자했지만 그가 그 유명한 법칙을 수

립한 것은 제1차 세계대전 전의 일이기 때문에 나는 이 노인은 사실상 은퇴한 것과 다름없으며 유전자 따위에는 관심이 있을 리 없다고 생각했다. 나는 3주 안에 돌아오겠다고 말하고 코펜하겐으로 짐을 챙기러 돌아갔다.

칼카르는 내가 결정학자가 될 수 있는 길이 트였다는 소식을 듣고 퍽 좋아하면서 여러모로 협조해 주었다. 그는 워싱턴의 장학금위원회에 편지를 띄워 나의 계획 변경을 진심으로 찬성한다고 하였고, 나는 나대로 편지를 내어 바이러스 증식에 관한 진행 중이던 내 생화학 실험은 별 의의가 없는 것으로 생각된다고 했다. 그리고 유전자의 작용을 아는 데 필수불가결(必須不可缺)이라고 생각했던 고전적 생화학은 더 이상 하고 싶지 않으며, 유전학의 열쇠는 바로 X선 결정학에 있음을 알았다는 뜻을 쓰고, 케임브리지의 페루츠의 연구실에서 결정학적 연구에 종사하고자 하니 승인해 달라고 요청하였다.

계획 변경에 대한 정식 승인이 올 때까지 코펜하겐에 머물러 있는 것은 정말 시간 낭비 외에는 아무것도 아니었다. 몰뢰는 1주일 전에 1년 계획으로 칼텍으로 떠나 버렸고, 나는 칼카르 식의 생화학에는 여전히 흥미를 느끼지 못하고 있었기 때문이다. 물론 코펜하겐을 떠나는 것은 정식으로 용납되지 않는 일이었지만 나의 계획 변경 신청이 승인되지 않을 리도 없었다. 칼카르의 불안정한 상태는 세상이 다 아는 바였고 워싱턴에서도 내가 언제까지 코펜하겐에서 우물쭈물하고 있을 작정인가 의아해하고 있을 게 틀림없었다. 그러나 칼카르가 연구실에는 통

붙어있지 않는다는 것을 워싱턴에 알리는 것은 비신사적이기도 할뿐더러 도무지 필요도 없는 일이었다.

나는 계획 변경 신청이 각하(却下)되리라고는 전혀 생각지도 않고 있었는데, 내가 케임브리지로 옮기고 난 후 열흘 후에 칼카르가 코펜하겐의 내 주소로 온 편지를 보내줬다. 장학금위원회에서 온 그 편지는 실망스러운 내용을 담고 있었다. 나의 계획 변경을 허가할 수 없다는 것이었다. 결정학적 연구에는 기초가 불충분하니 계획 변경을 재고하라는 내용이었다. 그러나 스톡홀름에 있는 카스페르손(Caspersson)의 세포생리학 연구실로 옮기겠다면 승인해 줄 수도 있다고 했다.

말썽의 씨는 보지 않아도 뻔했다. 장학금위원회의 위원장이 바뀐 것이다. 그 전까지의 위원장은 칼카르의 절친한 친구인 생화학자 한스 클락크(Hans Clarke)였는데, 그는 그 무렵 콜롬비아 대학을 퇴직할 예정이었다. 내 편지는 젊은 사람들에게 이래라저래라 하기 좋아하는 새 위원장에게 간 것이었다. 내가 생화학에서는 얻을 것이 하나도 없다고 단정한 부분이 이 새 위원장의 화를 돋운 것이 틀림없었다. 나는 루리아에게 편지를 내어 나를 도와달라고 부탁했다. 루리아와 새 위원장은 전부터 잘 아는 사이였으니 내 새 연구 계획의 전망이 흐린 것이 아님이 알려지면 위원장도 생각을 달리할지도 몰랐다.

루리아가 중재로 나서면서 일이 잘 풀릴 것 같은 징조가 보였다. 나는 루리아로부터 우리가 조금만 저자세로 나가면 일이 순조롭게 풀릴 것 같다는 편지를 받고 정말 기뻤다. 저자세로 나간다는 뜻은 내가 케임브리지에 가고자 하는 주된 이유가 그곳에 식물바이러스를 연구하고 있는 생화학자 로이 마컴(Roy Markham, 1916~1979)이 있기 때문이라고 워싱턴에 편지를 쓴다는 것이었다. 나는 곧 마컴을 찾아가서 실험실을 어지럽히거나 해서 폐를 끼치지는 않을, 명목만의 학생으로 나를 받아 줄 수 있겠느냐고 통사정을 했더니 그는 선뜻 승낙했다. 그는 이 연극을 버르장머리 없는 미국인의 한 대표적인 예라고 생각했을 것이다. 그러나 어쨌든 그는 이 장난 같은 일에 동의해 주었다.

마컴으로부터 승낙을 받은 나는 그 길로 워싱턴에 공손한 편지를 길게 써서 부쳤다. 그 편지에서 나는 마컴과 페루츠의 두 사람으로부터 배울 수 있는 이점을 장황하게 늘어놓은 것이다. 그리고 그 편지의 끝에 나는 이미 케임브리지에 와 있으며 최종결정이 날 때까지 그대로 머물러 있을 작정임을 솔직하게 썼다. 그러나 워싱턴의 새 위원장은 고집불통이었다. 내 편지에 대한 답장이 칼카르의 연구실 앞으로 보내진 것만 보아도 벌써 알 만했다. 내 신청서는 위원회에서 검토 중이므로 결정이 나는 대로 통고하겠다는 것이었다. 이런 사정이어서 그때까지 매달 초 코펜하겐으로 우송되는 수표를 현금으로 바꾸는 것을 보류했다. 현금으로 가지고 다니다가 다 써버리면 큰일이었기 때문이다.

DNA의 연구를 내 고집대로 하면 앞으로 1년간 장학금 지급이 끊어질지도 모른다는 건 곤란하기는 하지만 다행히 치명적인 문제는 아니었다. 코펜하겐에 있을 때 받은 3천 달러의 장학금은 덴마크의 부유한 학생들의 생활비의 3배나 되는 액수였다. 내 여동생이 최근에 맞춘 파리의 신식 양복 두 벌 값을 치르고도 1천 달러나 남았고, 이 돈이면 케임브리지에서 1년 동안은 살 수 있었다. 케임브리지의 하숙집 안주인도 내 금전 문제 해결에 한몫 거들었다. 나는 들어간 지 한 달도 채 못 되어서 그 하숙에서 쫓겨나고 만 것이다. 추방의 주요한 이유는 그녀의 남편이 잠들고 난 밤 9시 이후에 내가 연구소에서 돌아와서는 구두도 벗지 않고 시끄럽게 군다는 것이었다. 또 밤늦게 화장실에 물을 흘리지 말아 달라는 그녀의 부탁을 내가 가끔 밤 잊어버린다는 것도 한 가지 이유였다. 그뿐만 아니라 10시가 지나서도 외출한다는 것이 그녀에게는 퍽 못마땅한 일이었다. 그 시간에 케임브리지에 문 열린 가게라고는 한군데도 없었으니 내 외출의 동기가 의심을 샀던 모양이다. 이래서 나는 하숙에서 쫓겨났지만 다행히도 존 켄드루 부처(夫妻)가 자기 집의 조그마한 방 하나를 거의 무료로 빌려주었기 때문에 겨우 노숙을 면하게 되었다. 그 방은 습기가 많고 난방 기구라고는 낡은 전기난로뿐이었지만 나는 더할 나위 없이 고마웠다. 그 방에 있다가는 금방이라도 폐결핵에 걸릴 것 같았지만 때늦게 하숙을 다시 찾는 것보다는 공짜 방에 신세지고 있는 것이 훨씬 나았다. 나는 호주머니 사정이 좋아질 때까지 그 방을 쓰기로 작정하고 거처를 옮겼다.

7

케임브리지에 간 첫날부터 나는 그곳을 쉽게 떠나지 않으리라고 생각했다. 프랜시스 크릭이 재미있는 이야기 상대를 발견한 것이다. 단백질보다 DNA가 더 중요하다는 점을 인식하고 있는 사람을 페루츠의 연구실에서 알게 된 것은 정말 행운이었다. 뿐만 아니라 그를 알게 됨으로써 나는 단백질의 X선 분석법 공부에 모든 시간을 다 바치지 않아도 됐다. 우리 두 사람의 점심 화제는 언제나 유전자 구조였다. 내가 도착한 지 불과 며칠 만에 둘은 벌써 앞으로의 방침을 정해 버렸다. 그것은 라이너스 폴링의 방법을 따라 연구를 해서 그를 굴복시키자는 것이었다.

폴링이 폴리펩타이드(polypeptide) 사슬 구조를 밝힌 것을 보고 크릭은 같은 방법으로 DNA의 구조도 밝힐 수 있으리라고 생각했다. 그러나 그의 주변에는 DNA가 생물학에서 가장 핵심적인 물질이라고 생각하고 있는 사람이 한 명도 없었기 때문에 그로서도 연구소 내 복잡한 인간관계로 말미암아 DNA에 곧장 달려들 수가 없는 사정이 있었다. 또 헤모글로빈은 생물학의 중심적 물질이라고 할 수는 없으나 그 연구에 2년간이나 몰두한 그로서는 이제 손을 떼기도 아쉬운 감이 없지 않

았다. 단백질에서도 이론을 좋아하는 사람들을 필요로 하는 문제들이
속출하고 있었던 것이다. 그러다가 유전자의 이야기만 하고 다니는 나
를 만났으니 크릭도 DNA를 더 이상 머릿속에 잠재우고만 있을 수는
없게 되었다. 그렇다고 그가 다른 일을 다 제쳐놓고 DNA 문제에 몰두
하기 시작한 것은 아니고 1주에 몇 시간, 나의 의논 상대가 돼 주는 정
도였다. 그 정도면 다른 사람들의 눈치를 볼 필요는 없었다.

그렇다 보니 존 켄드루는 내가 그를 도와 미오글로빈의 구조 연구
에 종사할 것 같지 않다는 것을 곧 알게 되었다. 그는 말에서 추출한 미
오글로빈 결정을 크게 성장시키는 데 늘 실패했기 때문에 혹 내 솜씨면
가능하지 않을까 기대하고 있었던 모양이었다. 그러나 내 실험 솜씨 역
시 형편없어서 그에게 오히려 방해가 된다는 사실이 곧 드러났다. 내가
케임브리지에 도착한 날로부터 약 2주 뒤 우리는 미오글로빈의 결정
을 추출하기 위해 근처 도살장에 말 심장을 구하러 갔다. 그 심장을 곧
동결시켜 잘만 하면 결정화를 방해하는 미오글로빈분자의 손상(損傷)을
피할 수 있었다. 그러나 내 솜씨로는 아무리 해도 켄드루가 얻은 것보
다 더 나은 결정을 얻을 수가 없었다. 이것은 어느 의미에서는 내게 오
히려 잘된 일이었다. 만일 그 일에 성공했더라면 켄드루는 나더러 X선
사진을 찍게 했을 것이기 때문이다.

이래서 나는 마음 놓고 하루에도 몇 시간씩 크릭과 이야기할 수가
있었다. 그러나 아무리 이야기를 좋아하는 크릭이라고 해도 그 긴 시간
을 내내 유전자나 DNA의 이야기만 하는 데는 싫증이 안 날 리 없었던

듯 방정식의 설명에 지치면 나더러 파지에 관한 이야기를 시키곤 했다. 또 때로는 전문잡지를 고생해서 읽어야 겨우 알 수 있을 정도의 어려운 결정학적 지식을 그는 나에게 열심히 설명해 주기도 했다. 그중에서도 특히 중요했던 것은 라이너스 폴링이 어떻게 α나선을 발견했는가를 이해하는 데 필요한 정확한 지식이었다.

나는 곧 폴링의 발견은 상식의 산물이며 결코 복잡한 고등수학에서 끌어낸 것이 아님을 알게 되었다. 그의 이론에도 방정식이 가끔은 나오지만 대개는 말로 다 표현할 수 있는 것이었다. 폴링의 성공의 열쇠는 그가 구조화학의 간단한 법칙을 잘 알고 있었다는 점이었다. X선 사진만 들여다보고 있어서는 α나선을 발견하지 못했을 것이다. 중요한 것은 한 원자의 바로 이웃에는 어떤 원자가 자리 잡을 가능성이 가장 큰가를 생각해 보는 것이었다. 폴링은 종이와 연필로 계산한 것이 아니고 유치원 아이들의 장난감 같은 분자모형을 가지고 α나선을 생각해 낸 것이다.

우리도 이런 방법을 쓰면 DNA의 구조를 해결하지 못할 이유는 없다고 생각하였다. 그렇다면 우리도 분자모형을 만들어서 이리저리 끼워 맞춰 볼 일이다. 운이 좋으면 DNA의 구조도 나선형일지 모른다. 나선형 이외의 구조는 나선형보다 훨씬 더 복잡하다. 그러니 간단한 것부터 먼저 손대 볼 일이고 그게 안 되면 그때 가서 복잡한 구조도 생각해 볼 일이었다. 폴링도 처음부터 복잡한 구조에만 신경을 쓰고 있었더라면 성공하지 못했을 것이다.

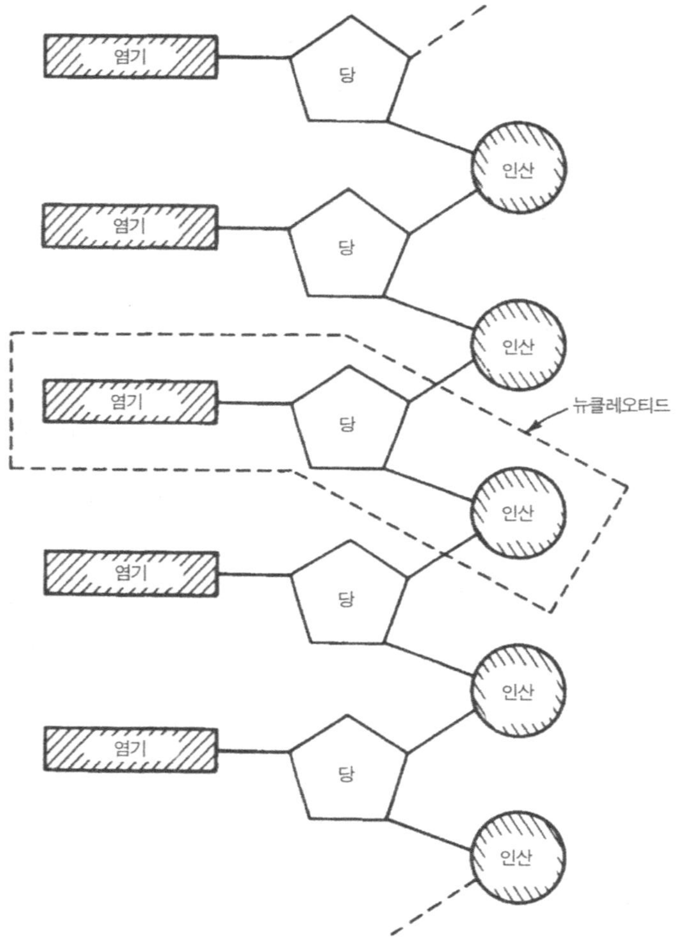

1951년에 알렉산더 토드 연구 그룹이 제안한 DNA 일부분. 뉴클레오타이드 사이의 연결은 모두 당의 탄소원자 5번이 이웃하고 있는 뉴클레오타이드의 당 탄소원자 3번과 결합하는 포스포디에스테르 결합(phosphodiester bonds)이라고 그들은 생각했다. 유기화학자인 그들은 그 원자들의 3차원 배열 문제를 결정학자들에게 남겨놓은 채, 원자들이 어떻게 함께 연결되어 있는가에 관심을 나타냈다.

우리는 처음 이야기할 때부터 DNA분자라는 것은 수많은 뉴클레오타이드가 일렬로, 그리고 규칙적으로 배열돼 있으리라고 생각하였다. 이것도 우선 사물을 간단한 것에서부터 다루어 보자는 생각에서였다. 이 기본적인 배열 양식은 알렉산더 토드(Alexander Todd, 1907~1997, 1957년 노벨 화학상 수상)의 연구실에 있는 유기화학자들도 생각하고 있었으나 그들은 모두 뉴클레오타이드 사이의 결합이 다 동일하다는 것을 화학적으로 증명하지는 못하고 있었다. 그러나 뉴클레오타이드의 배열이 그렇지 않다면 DNA분자가 모리스 윌킨스와 로잘린드 프랭클린이 연구한 바와 같은 결정의 집합체를 형성할 수는 없을 것이 아닌가. 우리는 이러한 가정(假定) 아래서 일을 해보다가 안 되면 그때 가서 재고하더라도 우선은 당(糖)과 인산기(燐酸基)가 규칙적으로 뼈대를 형성하고 있다는 전제 하에서 이 당과 인산기가 모두 같은 화학적 환경을 가질 수 있는 3차원적인 나선구조를 찾아보는 것이 제일 좋은 방법이라고 생각했다.

그러나 우리는 곧 DNA의 구조는 α나선과는 조금 다르다는 것을 알게 되었다. α나선에서는 외가닥의 폴리펩타이드[아미노산의 연결체(連結體)] 사슬이 꼬여서 나선형을 이루고 이 나선은 인접한 기(基) 사이에 형성된 수소 결합으로 유지되고 있다. 그러나 크릭이 윌킨스에게서 들은 바에 의하면 DNA분자는 외가닥의 폴리뉴클레오타이드(뉴클레오타이드)의 연결체 사슬로 되어 있다고 생각하기에는 그 직경이 너무 크다는 것이다. 그래서 크릭은 DNA분자는 여러 가닥의 폴리뉴클레오타이

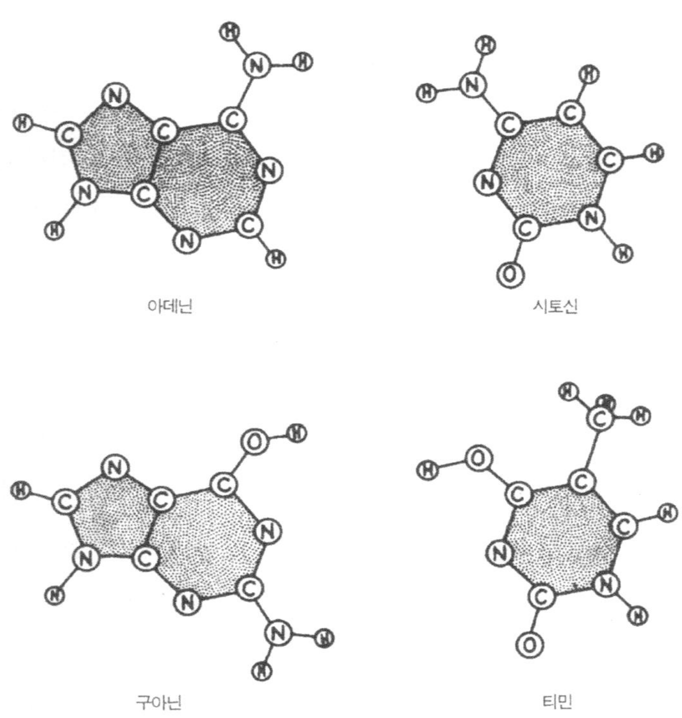

DNA를 구성하는 네 종류 염기들의 화학구조. 이 구조는 1951년경 일반적으로 쓰인 구조다. 중앙의 환상구조 속의 전자들은 국재(局在)하고 있지 않기 때문에 각 염기는 두께 3.4 Å 의 평면적인 구조다.

드 사슬이 서로 꼬여서 형성된 복합나선(複合螺旋)이 아닌가 하고 생각했다. 그렇다면 모형으로 나선구조를 만들어 보기 전에 먼저 사슬들을 서로 붙들고 있는 힘이 수소결합(水素結合)인지 혹은 음(陰)으로 하전(荷電)

된 인산기가 관여하는 염결합(鹽結合)인지를 결정해야 했다.

게다가 한 가지 더 복잡한 점은 DNA에는 네 종류의 뉴클레오타이드가 들어 있다는 사실이었다. 이 점에서 볼 때 DNA는 규칙적인 분자라기보다는 오히려 대단히 불규칙한 분자라고 할 수 있다. 이 4종류의 뉴클레오타이드의 차이는 다 같이 당과 인산을 함유한 염기(鹽基)의 차이에 있다. 이 염기에는 퓨린(purine)유도체 [아데닌(adenine)과 구아닌(guanine)]와 피리미딘(pyrimidine)유도체[사이토신(cytosine)과 타이민(thymine)]가 있는데 뉴클레오타이드가 어느 염기로 구성되어 있는가에 따라 그 종류가 달라지는 것이다. 그러나 뉴클레오타이드들의 연결에는 당과 인산만이 관계하고 있으므로 모든 뉴클레오타이드들은 똑같은 결합으로 연결되어 있으리라는 우리의 가정에는 변함이 없었다. 따라서 우리가 모형을 조립하는 데 있어서는 당과 인산으로 된 뼈대는 규칙적으로 하되 연기의 배열 순서는 불규칙적이어야 했다. 염기의 배열마저도 규칙적이라면 DNA분자가 전부 동일해 그 수많은 유전자를 구별하는 다양성을 DNA분자에서 찾아볼 수 없을 것이기 때문이다. α나선을 발견하는 데 폴링은 X선에 의한 증거를 거의 쓰지는 않았지만 그 증거 자체는 알고 있었고 또 어느 정도 고려하고 있었다. 이 X선 데이터가 있었기 때문에 폴리펩타이드 사슬에서 생각할 수 있는 다른 여러 가지 3차원적 구조를 다 무시할 수 있었던 것이다. 이 X선 데이터는 우리가 DNA분자의 구조를 밝히는 데도 물론 큰 도움이 될 것임이 틀림없다. DNA X선 사진을 조금이라도 보아두면 올바른 출발점을 잡는

데 훨씬 편할 것이다. 다행히도 문헌에서 한 장의 쓸 만한 사진을 찾아 낼 수가 있었다. 그 사진은 5년 전에 영국의 결정학자 애스트버리(W.T. Astbury)가 찍은 것으로 우리가 일을 시작하는 데는 쓸 만한 것이었다. 이 사진보다 윌킨스가 가지고 있는 훨씬 더 선명한 사진을 우리가 이용 할 수 있었다면 일은 반년 내지 1년쯤 빨라질 수도 있었겠지만, 그 사진 을 윌킨스가 아직 지상에 발표하지 않고 있는 데는 우리로서도 어쩔 수 가 없었다.

그러나 우리는 허탕치는 셈치고 윌킨스에게 일단 말해보기로 했다. 크릭이 윌킨스에게 주말을 케임브리지에 와서 함께 지내지 않겠느냐 고 권유하니까 윌킨스는 뜻밖에도 순순히 응했다. 우리가 윌킨스에게 DNA의 구조는 나선일 것이라고 설득할 필요는 전혀 없었다. 나선일 가능성도 컸지만 윌킨스 자신이 이미 케임브리지의 하계회의에서 나선 이라는 말을 쓴 적이 있었다. 내가 케임브리지에 가기 약 6주 전에 그는 DNA의 X회절 사진을 공개한 적이 있는데 그 사진에는 자오선상(子午線 上)에 반사점이 나타나지 않았다고 한다. 그리고 윌킨스의 동료인 이론 가 알렉스 스톡스(Alex Stokes, 1919~2003)는 윌킨스에게 이 사진은 나선 구조에 부합되는 것이라고 말했다고 한다. 그래서 윌킨스는 DNA분자 는 세 가닥의 폴리뉴클레오타이드 사슬로 구성돼 있으리라고 상상하고 있었던 것이다.

그러나 윌킨스는 우리 생각과 달리 적어도 X선 결과를 더 보기 전 에는 폴링이 사용한 것과 같은 수법으로 모형을 써서는 DNA의 구조를 해명할 수 없다고 생각하던 차였다. 그러다가 우리 이야기는 자연히 로지 프랭클린에 집중됐는데, 듣자 하니 그녀와의 관계가 점점 더 악화되고 있는 것 같았다. 그녀는 이제 와서 윌킨스도 DNA의 X선 사진을 찍어서는 안 된다고 우겨댄다는 것이다. 윌킨스는 할 수 없이 그녀와 타협을 한 끝에 큰 양보를 하고 말았다. 그가 당초 그의 연구에 사용해 온 DNA의 결정을 모조리 그녀에게 양도하고, 그 자신은 다른 DNA의 연구에만 집중하기로 한 것이다. 그런데 이 다른 DNA라는 것이 알고 보니 도무지 결정을 만들지 않는 까다로운 것이었다.

그 후로 로지는 그녀의 연구 결과를 윌킨스에게 전혀 말하려 하지 않게 된 모양이었다. 그녀의 연구 결과를 알려면 적어도 3주 후, 즉 그녀가 지난 6개월간 한 일을 세미나에서 발표할 예정인 11월 중순까지 기다려야 할 형편이라는 것이었다. 그 세미나에 윌킨스가 나를 초대했을 때 나는 물론 가겠다고 쾌히 약속하였다. 그때 처음으로 나는 결정학에 관하여 진정으로 배우고 싶은 충동을 느꼈다. 로지가 고자세로 떠들어대는 것을 도무지 못 알아듣는데서야 체면이 말이 아닌 것이다.

8

그로부터 1주일도 채 못 되어 뜻밖에도 DNA에 관한 크릭의 관심이 완전히 사라져 버렸다. 그 이유는 그의 어떤 아이디어가 남에게 표절(剽竊)당한 데 격분했기 때문이었다. 이 격분은 다름 아닌 그의 교수에게 향했다. 내가 케임브리지에 간 지 한 달이 채 못 된 어느 토요일 아침이었다. 바로 그 전날 막스 페루츠가 브래그 경과 공동명의로 된 새 논문의 원고를 크릭에게 보여 줬다. 헤모글로빈 분자의 형태에 관한 이 논문을 쭉 훑어본 크릭은 화가 머리끝까지 치밀어 올랐다. 그 논문 속에는 크릭이 약 9개월 전에 제의한 이론에 바탕을 둔 논의가 있었던 것이다. 이 이론을 크릭은 그때 연구실 안의 이 사람 저 사람을 붙들고 열심히 설명하고 다녔다는 것을 잘 기억하고 있었는데, 논문에는 그에 대한 인사말 한마디도 없었다. 격분한 크릭은 단숨에 페루츠와 켄드루에게 가서 이럴 수가 있느냐고 따지고는 곧장 브래그 경의 사무실로 뛰어 올라가 사과까지는 안 받더라도 경위의 해명을 요구하려 했다. 그러나 브래그 경은 마침 퇴근하고 자리에 없었다. 하룻밤을 자고 나서도 크릭의 화는 풀리지 않았다.

브래그 경은 크릭의 이론에 관해서 전혀 아는 바 없다고 단호히 부정하고 타인의 아이디어를 비열하게 도용했다고 하는 것은 그에 대한 더없는 모욕이라고 노발대발했다. 그러나 크릭은 브래그 경만한 사람이 그가 사방에 그토록 떠들고 다닌 아이디어를 못 들었을 리 없다고 굽히지 않고 대들었으니 두 사람 사이에 이야기를 더 이어갈 수 없었고 10분도 안 되어 크릭은 교수실을 박차고 나와 버렸다.

이 일을 당하고 난 브래그 경은 이제 크릭과는 관계를 끊어야겠다고 생각했다. 몇 주일 전 브래그 경은 그 전날 밤 머리에 떠오른 어떤 아이디어로 몹시 흥분해서는 연구실에 나타났었는데, 그 아이디어라는 것이 바로 예의 그 논문에 실린 것이었다. 이 아이디어를 브래그 경이 페루츠와 켄드루에게 설명하고 있는 자리에 우연히 크릭도 동석했는데, 그때 그 아이디어를 즉석에서 찬성하지 않고 좀 두고 생각해 보겠다고 한 이가 다름 아닌 크릭이었다는 것이다. 그런데도 크릭이 그토록 무례하게 대들다니, 브래그 경도 화가 치밀어 오르고 혈압이 잔뜩 높아져 곧장 집에 가버렸다. 아마 집에 가서 이 고약한 문제아에 대한 욕을 부인에게 잔뜩 늘어놓았겠지.

브래그 경과 다툰 일은 누가 옳고 그르고 간에 크릭에게는 손해임이 틀림없었다. 교수실을 나와서 실험실에 돌아온 크릭은 풀이 죽어 몹시 불안해 보였다. 교수실을 나올 때 브래그 경이 그에게 박사과정이 끝난 뒤에도 이 연구소에 그를 그대로 둘지 심각하게 생각해 봐야겠다고 내뱉듯이 말했던 모양이었다. 크릭은 새 일자리를 곧 찾아야 할 것 같아

캐번디시 연구소 집무실에 앉아 있는 로렌스 브래그 경

서 완연히 수심에 가득 차 있었다. 나하고 점심을 같이 먹을 때도 그는 우울해 있어서 예의 그 웃음소리도 터져 나오지 않았다.

그가 걱정하는 것도 무리가 아니었다. 머리가 좋고 창의성도 풍부하다고 스스로 자부는 하고 있었지만 아직은 이렇다 할 학문적 업적도 없을뿐더러 박사학위도 아직 못 따고 있는 처지였다. 그는 중류층에서 태어나 밀 힐(Mill Hill)에서 학교를 다녔고 런던대학에서 물리학을 공부하고 난 뒤 대학원에 들어갔을 때 2차 대전이 일어났다. 전쟁 중에는 다른 과학자들과 마찬가지로 그도 전시 체제에 참여해 해군 과학시설에 들어가 열심히 일을 했다. 그의 다변(多辯)을 싫어하는 사람들도 꽤 많았으나 전쟁에서 이겨야 했고 교묘한 자기기뢰(磁氣機雷) 제작에 크게 도움이 되는 인물이었기 때문에 전쟁이 끝날 때까지 그곳에서 일을 계속할 수 있었다. 전쟁이 끝나자 동료들 가운데 몇 사람은 그와 함께 계속 일하는 것을 좋아하지 않았고, 그도 문관연구원으로 해군에 더 있어 봐야 장래성이 없다고 판단했다. 게다가 그는 물리학에 대한 흥미도 잃고, 대신 생물학을 해보자고 마음먹었다. 그래서 생리학자 힐(A.V. Hill)의 도움으로 약간의 연구비를 얻어 1947년 가을 케임브리지에 오게 되었다. 그는 처음에는 스트레인지웨이스 연구소(Strangeways Laboratory)에서 고전적인 생물학을 시작하였으나 얼마 안 가 싫증을 느껴 2년 후 캐번디시 연구소로 옮겨 거기서 페루츠와 켄드루 두 사람과 함께 일하게 되었다. 여기서 그는 다시 과학에 정열을 느껴 박사학위를 따기 위해 일을 해볼 생각을 하게 되었다. 그래서 연구생으로 등록하고 페루츠를 지도교수로 삼았다. 그러나 머리가 비상한 그에게는 학위논문을 쓰기 위한 지루한 연구가 도무지 마음에 들지 않았다. 하지만 학위과정을 밟고 있다는 것이 그에게는 뜻밖의 행운이 되었다. 브래그 경은 학위를 마치기도 전인 그를 차마 쫓아낼 수는 없었던 것이다.

페루츠와 켄드루는 곧 크릭을 구제하기 위해 중재에 나섰다. 켄드루가 그 문제의 이론은 크릭이 전에 써서 제출한 적이 있다는 것을 확인하자 브래그 경도 더는 우기지 않고 그 착상이 두 사람의 머리에 따로따로 떠오른 것이라고 인정하게 되었다. 그 무렵에는 브래그 경도 화가 가라앉아 있었고 따라서 크릭을 쫓아내는 일도 흐지부지되고 있었다. 그러나 브래그 경에게는 크릭을 여전히 연구소에 그대로 둔다는 것이 기분 좋은 일은 아니었다. 하루는 신경질을 낸 브래그 경이 크릭 때문에 귀가 아파 못 살겠다고 한 적도 있었다. 그는 크릭을 연구소에는 아무 소용도 없는 인물이라고 생각하고 있었다. 크릭이라는 작자는 35년간을 줄곧 입으로 떠들기만 했지 해 놓은 일은 아무것도 없다는 것이 그의 생각이었던 것이다.

9

그러다가 얼마 후 이론을 세워야 할 일이 생겨 크릭은 곧 정상으로 되돌아왔다. 브래그 경과의 대격전이 있은 지 며칠 후 결정학자 밴드(V. Vand)가 페루츠에게 편지를 보내왔는데, 그 편지 속에 나선분자(螺旋分子)의 X선 회절에 관한 이론이 적혀 있었다. 나선구조는 폴링의 α나선 발견도 있고 해서 그 당시 연구소 내에서 관심의 초점이 되고 있었다. 그러나 그 당시 새로운 모델을 입증하거나 α나선의 더 상세한 구조를 확인할 일반이론은 아직 없었다. 밴드는 그의 편지에서 이 이론을 제안한 것이었다.

크릭은 그 편지를 보고 곧 밴드의 이론에 중대한 결함(缺陷)이 있음을 발견하였다. 그래서 자신이 올바른 이론을 발견하겠다고 흥분해서는 빌 코크런(Bill Cochran)과 의논하기 위해 2층으로 뛰어 올라갔다. 체구가 작고 조용한 이 스코틀랜드 출신의 코크런은 당시 캐번디시의 결정학 강사였는데, 케임브리지에서 X선을 다루고 있는 젊은 학자 중에서는 가장 명석한 두뇌의 소유자였다. 그 자신은 생체고분자에 관한 일을 하고 있지 않았지만 크릭이 이론에 열중할 때마다 언제나 차분하게 이야기 상대가 돼 주었다. 딴 사람은 몰라도 코크런이 크릭에게 그 이론은 근거가 빈약하다거나 또는 아무 쓸모가 없다고 하면 크릭은 그 말을 동료 학자의 질투라고는 결코 생각하지 않았다. 그러나 이번에는 코크런도 크릭의 말에 회의적인 반응을 보이지 않았다. 코크런 자신이 이미 밴드의 이론에서 오류를 발견하고 정답을 모색하고 있었던 것이다. 페루츠와 브래그 두 사람은 전부터 코크런에게 나선이론을 연구할 것을 권하고 있었으나 그는 듣지 않았는데, 이번에는 크릭도 조르고 해서 그도 이제는 방정식을 어떻게 세울까 심각하게 생각하기 시작하였다.

그날 오전 내내 크릭은 수학 방정식에 파묻혀 있었으나 점심때 심한 두통이 일어 연구실에 들르지 않고 곧바로 집으로 가버렸다. 집에 가서도 난로 앞에 가만히 앉아 있다가 지루해지자 다시 방정식을 풀기 시작했고, 몇 시간 후 드디어 정답을 알아냈다. 그러나 그는 부인 오딜(Odile)과 함께 케임브리지의 고급주류상(高級酒類商)인 매튜(Matthew)의 가게에서 있을 포도주 시음회에 초대받았기 때문에 일을 일시 중단했다. 이 시음회에 초대받고 나서 크릭은 며칠 동안 사기 충전해 있었다. 시음회에 초대받았다는 것은 케임브리지의 멋있고 유쾌한 신사들 속에 자기도 끼었다는 것을 의미하고, 그래서 연구소의 우둔하고 건방지기만 한 친구들이 자기를 알아주지 않는 것쯤은 적어도 이때만은 문제가 아니었다.

크릭 부부는 그 당시 그린 도어(Green Door)라는, 값싸고 조그마한 아파트의 제일 꼭대기 층에 살고 있었다. 지은 지 수백 년이나 되는 낡은 이 아파트에서 그들의 방이라고는 각각 하나인 거실과 침실 외는 아무것도 없었으며, 부엌이라고 해 봐야 큰 목욕탕에 딸려 있을 뿐 없는 거나 마찬가지였다. 그러나 이렇게 비좁기는 해도 부인 오딜의 솜씨로 제법 아늑하고 즐거운 분위기가 감돌았다. 나는 이 집에서 처음으로 영국 지식인들의 생활의 활력을 느낄 수 있었다.

당시 그들은 결혼한 지 3년째였다. 크릭은 첫 결혼에 실패한 후 아들 마이클을 할머니 손에 맡겨 놓고 몇 해 동안 독신으로 지내다가 다섯 살쯤 아래인 오딜을 만났다. 크릭처럼 이야기를 좋아하는 사람에게는 요트나 테니스 같은 오락으로 시간을 보내는 영국 중산층의 따분한 생활은 도무지 비위에 맞지 않았고, 오히려 반감이 생길 정도였다. 이러한 크릭에게 그녀는 안성맞춤이었다. 두 사람은 정치나 종교에는 전혀 관심이 없었다. 크릭은 종교가 시대착오적인 유물이므로 존속시킬 이유가 하등 없다고 생각하고 있었다. 그러나 그들이 정치문제에 관해서도 통 흥미가 없었는지에 대해서는 그다지 분명치 않다. 어쩌면 그들은 전쟁의 냉혹성을 잊기 위해 정치에 관심을 나타내지 않았는지도 모른다. 어쨌든 그들의 식탁에서 《더 타임스(The times)》는 찾아볼 수 없었고, 그들이 받아보는 잡지라고는 《보그(Vogue)》뿐이었다. 이 《보그》에 나온 이야기라면 크릭은 하루 종일 지껄여도 모자랄 지경이었다.

그 당시 나는 가끔 크릭의 아파트에 저녁을 먹으러 갔었다. 크릭은 나와 이야기하기를 좋아했고, 나는 나대로 위궤양(胃潰瘍)에 걸리지 않을까 무서울 정도의 형편없는 영국 음식을 안 먹어도 되는 기회였기 때문에 부지런히 갔다. 오딜은 프랑스인 어머니를 닮아 영국인의 창조성 없는 식생활과 집안 살림법을 철저하게 경멸했다. 그러니 크릭으로서는 연구소의 동료들이 자기 아내가 만든 맛없는 고기, 삶은 감자, 허연 채소, 포도주에 절인 카스텔라 등 단조로운 음식보다는 나을 정도의 하이 테이블(High Table, 역자주: 영국대학의 학감, 교수, 연구원들이 모이는 식탁)의 음식을 맛있다고 먹고 있는 것을 부러워 할 하등의 이유도 없었다. 부럽기는커녕 그들의 저녁 식사는 언제나 즐거웠고, 특히 포도주라도 몇 잔 마셔서 최근 케임브리지에서 소문이 자자한 아가씨들로 화제가 미치면 제법 떠들썩해졌다.

크릭은 젊은 아가씨들, 특히 발랄하고 명랑해서 화제에 오르는 아가씨들을 아무 거리낌 없이 좋아했다. 젊었을 때는 여자에 대해 거의 관심이 없던 그가 이제 인간다운 생활을 윤기 있게 해주는 것이 여자임을 알게 된 것이다. 크릭의 이러한 취향을 오딜은 별로 언짢아하지 않았다. 그녀는 이것이 오히려 노샘프턴(Northampton)의 무미건조한 교육을 받은 크릭을 명랑하게 해방시켜 주는 데 큰 도움이 된다고 생각했다. 화제가 요즈음 오딜이 손대고 있는, 그리고 둘이서 자주 초대도 받는 미술 공예품의 세계에 미치면 둘의 이야기는 한이 없었다. 우리들의 대화에서 화제의 대상이 안 되는 것이 없었고 크릭은 자신의 실패담을 즐겨 이야기하기도 했다. 한번은 가면무도회(假面舞蹈會)에 붉은 수염을 잔뜩 달고 젊은 시절의 조지 버나드 쇼(George Beranard Shaw, 1856~1950, 1925년 노벨 문학상 수상)로 분장하고 갔더니, 키스할 수 있을 만큼 바짝 다가갈라치면 수염이 간지럽다며 아가씨들이 모두 도망쳐 버리는 통에 재미라고는 하나도 못 봤다는 얘기도 했다.

그러나 그날 포도주 시음회에는 젊은 여성이 하나도 없었고 손님이라고는 대부분이 대학 관계자였다. 그들은 내심 그렇지 않으면서도 학내 행정적인 문제들로 골치가 아프다는 등 정말 골치가 아프거나 한 것처럼 지껄이고 있는 데 크릭과 오딜도 실망해 일찌감치 집으로 돌아와 버렸다. 술에 취하지도 않고 멀쩡한 기분으로 돌아온 크릭은 다시 기존 이론을 재확인했다.

이튿날 아침 연구소에 나온 크릭은 페루츠와 켄크루에게 자기가 문제를 풀었다고 말했고, 몇 분 후 코크런이 나타나자 그 소식을 전하려 했다. 그러나 그가 마침 말을 꺼내기도 전에 코크런은 자신이 그 문제를 해결한 것 같다고 말했다. 그들은 곧 각자의 수식을 서로 검토해 보고 코크런의 식이 크릭의 그것처럼 어렵지 않고 더 간편하다는 사실을 알았다. 그러나 기분 좋게도 두 사람의 결과는 완전히 일치했다. 그들은 곧 페루츠의 X선 사진을 꺼내보고 α나선의 타당성을 검토해 봤다. 그 결과 폴링의 α나선모형도 옳고 그들의 이론도 틀림없다는 것이 분명해졌다.

수일 후 원고가 완성됐고 다들 만족한 가운데 《네이처(Nature)》로 발송됐다. 그리고 사본 한 통을 폴링에게도 보냈다. 이 일은 크릭에게는 최초의 성공이었고 일대 승리였다. 그 자리에 마침 여자가 없었다는 것이 그에게 큰 행운이 된 셈이었다.

10

11월 중순, 로지가 DNA에 관한 세미나를 할 무렵엔 나도 어지간히 결정학에 관한 지식을 쌓아 그녀의 이야기를 대부분 알아들을 수 있게 됐다. 특히 신통했던 것은 어떤 부분을 주의해서 들어야 하는지를 알게 된 것이었다. 6주 동안 크릭의 설명을 듣고 난 후 나는 문제의 핵심이 로지의 새 X선 사진이 DNA 나선구조를 뒷받침하는가 아닌가에 있음을 알게 되었다. 우리가 DNA의 분자모형을 만드는 데 필요한 것은 상세한 실험적 근거였다. 그러나 로지의 이야기를 조금 듣고 나자 나는 그녀의 생각이 우리와는 전혀 다르다는 것을 알게 됐다.

로지는 약 15명의 청중을 앞에 두고 신경질적이고 빠른 말씨로 이야기를 시작했다. 그녀의 말투에는 따뜻한 느낌도 없었고 천박한 느낌도 없어서 낡고 살풍경인 강의실에 딱 어울렸다. 그러나 나는 그녀를 도무지 매력이 없는 여자라고는 생각하지 않았다. 나는 그녀가 안경을 벗고 머리를 조금만 우아하게 손질하면 어떤 모습으로 변할까 하고 잠시 상상해 보기도 했다. 그러나 나의 관심은 곧 그녀의 결정 X선 회절상의 설명에 집중되었다.

그녀의 모습에는 결정학 분야에서 다년간에 걸쳐 신중하고 냉정한 훈련을 받은 흔적이 역력했다. 케임브리지에서 그토록 엄격한 교육을 받았으니 결정학 지식을 오용할 만큼 바보가 아니었다. 그녀는 DNA 구조를 해명하는 데는 순수한 결정학적 수단 이외에 다른 길이 있을 수 없다고 굳게 믿고 있었다. 모형을 가지고 해명하는 따위의 수법은 그녀에게 도무지 관심이 없는 일이었기 때문에 그녀는 폴링의 α나선 연구 과정에서는 일절 언급되는 일이 없었다. 그녀는 서투른 장난감 같은 모형을 가지고 생체고분자의 구조를 밝힌다는 생각은 모든 수단이 다 불가능해졌을 때 최후에나 써 볼 방법이라고 경멸했다. 물론 로지도 폴링의 성공은 알고 있었으나 그런 수법을 흉내 낼 이유는 하나도 없다고 생각했다. 폴링이 성공한 경위를 살펴봐도 분명했다. 폴링과 같은 천재라야만 10살짜리 아이들의 노리개감 같은 모형을 가지고도 문제를 풀어낼 수 있다고 생각하고 있었던 것이다.

로지는 자신이 발표한 보고서는 아직 예비적인 것에 불과하므로 그것만으로 DNA의 기본 문제에 관해서 아무것도 말할 수 없다면서 더 많은 실험을 통해 결정학적으로 철저히 분석해야 한다고 말했다. 성급한 낙관론을 펴지 않는 그녀의 태도에 그 자리에 모여 있던 모든 사람들이 찬동했다. 모형을 써 보면 어떻겠냐고 말하는 사람은 한 명도 없었다. 윌킨스도 몇 가지 기술적인 면에 관해 질문했을 뿐이었다. 그래서 토론은 곧 끝났고, 청중들은 더 이상 추가 질문이 없었고 설사 물어보고 싶은 것이 있었다 하더라도 이미 설명에서 언급됐으니 재차 말하

로잘린드 프랭클린

는 것이 멋쩍다는 표정을 지으며 흩어졌다. 어쩌면 그들은 달콤한 낙관론을 펼치거나 모형론을 끄집어냈다가 로지에게 날카롭게 반박당하는 것이 두려워 말하는 것을 주저했는지도 모른다. 잘 알지도 못하는 일에 대해서는 함부로 말하지 말라는 따위의 말을 한낱 젊은 여인에게서 듣고 안개 자욱한 11월의 음침한 밤거리를 걸어간다는 것은 유쾌한 일일 수 없었을 것이다. 그랬다가는 아마 어릴 때의 불쾌했던 기억마저도 되살아날 것이 틀림없다.

나는 로지와 몇 마디를 나눈 뒤, 윌킨스와 함께 거리로 나가 어느 음식점에 들어갔다. 윌킨스는 의외로 매우 명랑했다. 그는 느릿느릿한 어조로 로지가 그토록 애를 썼는데도 킹스대학에 온 후 결정학적 분석에서 이렇다 할 진전이 없다는 것을 상세히 말해 주었다. 그녀의 X선 사진은 윌킨스 자신의 것보다 더 선명하지만 그가 이미 밝혀낸 것들 이외에 새로운 것은 없다고 했다. 그녀는 DNA 시료(試料)의 수분함량(水分含量)을 정밀하게 측정했다고 하지만 윌킨스는 그 측정치의 신빙성 자체에도 의문을 가지고 있었다.

내 앞에서 윌킨스가 그토록 기분이 들떠 있는 것을 보고 나는 놀랐다. 우리가 처음 나폴리에서 만났을 때 그의 냉담한 태도는 거짓말 같았다. 파지연구자인 내가 그가 하는 일의 중요성을 인식했다는 것이 그를 즐겁게 했는지도 모른다. 동료 물리학자들의 지지를 받는 것은 그의 연구에 하등 도움이 안 될 것이다. 생물학으로 전향한 것은 잘한 일이라고 말해도 그는 그 말을 진심으로 생각하지 않았다. 윌킨스는 생물학에 대해서는 아는 바가 하나도 없는 이들 물리학자의 말을 치열한 경쟁의 소용돌이 속에 놓여 있던 전후 물리학계를 떠난 사람에게 건네는 인사말 내지 겸손의 말로만 받아들인 것이다.

윌킨스가 몇몇 생화학자로부터 중요한 도움을 많이 받은 것은 사

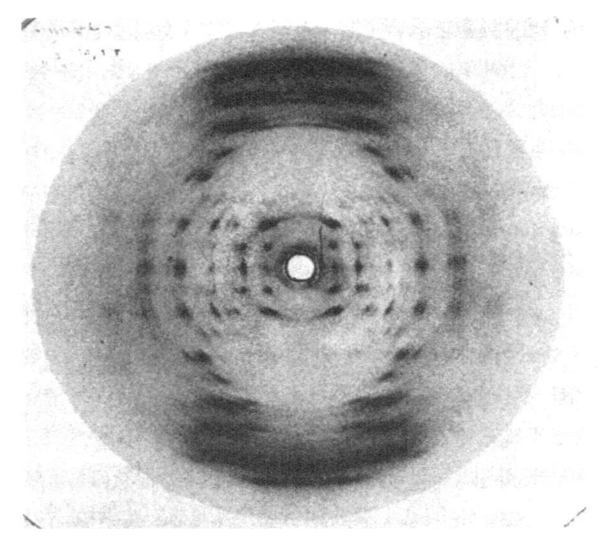

A형 DNA 결정체의 X선 사진

실이다. 그런 도움 없이는 연구가 진행되지 못했을 것이다. 특히 그에게 고도로 순수화된 DNA 시료를 제공한 생화학자들은 그에게는 없어서는 안 될 존재였다. 생화학자의 마술사와 같은 기술 없이는 제아무리 결정학 전문가라 해도 아무런 소용이 없다. 그러나 그가 볼 때 대부분의 생화학자들은 원자탄 개발 프로젝트에서 그와 함께 일한 사람들에 비교해 보아 능력이 부족해 보였다. 어떤 때는 DNA의 중요성마저도 인식하지 못하는 것처럼 보였다. 그러나 그들은 대다수 생물학자들보다는 아는 것이 훨씬 많았다. 딴 곳은 몰라도 영국의 식물학자나 동물학자들은 대부분 오합지졸이나 다름없었다. 대학의 교수 자리에 앉아 있으면서도 많은 이들이 순수과학을 외면하고 있었다. 어떤 사람들은 생명의 기원이라든지 혹은 어떻게 하면 과학적 사실의 진부(眞否)를 알 수 있는가 하는 따위의 일에 정력을 낭비하고 있었다. 뿐만 아니라 그들이 가르치고 있는 대학생들은 유전학을 공부하지 않고도 대학에서 생물학과를 졸업할 수 있었다. 그렇다고 유전학자들이 생물학 지식의 진보에 어떤 공헌을 한 것도 아니다. 그들이 유전자에 관해서 말하는 것을 들어보면 그들도 유전자의 본질에 대해 궁금해한다는 것을 곧 알 수 있었다. 그런데도 유전자는 DNA로 구성되어 있다는 것을 심각하게 생각해 본 사람은 거의 없었다. 이는 화학적인 문제이고 그들에게는 필요 없는 것이었는지도 모른다. 그들 대부분은 한평생 학생들에게 염색체의 행동을 필요 이상으로 상세히 연구시키거나 라디오 프로그램에 나가서 가치 기준이 바뀌어 가는 이 전환기에 있어 유전학자의 역할이라든지 하는, 말만 번지르르하고 알맹이는 없는 탁상공론을 늘어놓은 것이 고작이었다.

그래서 윌킨스는 파지연구가들이 DNA에 주의를 기울이고 있다는 것을 알고 이제야 시대가 변해 세미나 때마다 왜 자신이 DNA를 그토록 중요시하는가를 애써 설명하지 않아도 되리라고 기대하게 된 것이다. 저녁 식사가 끝날 무렵에는 그의 연구에 대한 의욕이 절정에 달해 있었으나 어쩌다가 갑자기 로지의 이야기가 튀어나오자 음식점을 나설 무렵에는 실험실을 총동원해서 DNA를 향해 매진(邁進)해 보자는 그의 의욕이 점점 식어갔다.

11

　이튿날 나는 패딩턴(Paddington) 역에서 크릭과 만났다. 우리는 옥스퍼드로 가서 주말을 함께 보낼 참이었다. 옥스퍼드에서 크릭은 결정학자(結晶學者)로서는 영국에서 제1인자인 도로시 호지킨(Dorothy Hodgkin, 1915~1994, 1964년 노벨 화학상 수상) 여사를 만나려 했고, 나는 옥스퍼드를 처음으로 구경할 계획이었다. 개찰구에 서 있던 크릭은 그날따라 기분이 최고였다. 그는 호지킨 여사를 만나면 빌 코크런과 함께 생각해 낸 나선회절 이론을 설명할 생각이었다. 이 회심(會心)의 이론을 직접 만나서 설명해야겠다는 생각에-이 이론의 위력을 즉각적으로 이해할 만큼 총명한 사람은 호지킨을 빼고는 아마 없을 것이다-크릭의 마음은 부풀대로 부풀고 있었다.

　기차를 타자마자 그는 내게 로지의 세미나에 관해 묻기 시작했다. 그러나 대부분 애매모호한 답을 내놓자 그는 언제나 기억에만 의지하고 종이에 메모하지 않는 내 습관에 대해 드러내놓고 화를 냈다. 나는 관심이 있는 일에 관해서는 대개 언제든지 기억을 되살릴 수 있었는데, 결정학의 전문용어는 내가 잘 몰랐기 때문에 기억이 모호했다. 제일 곤

란했던 것은 로지가 측정(測定)했다고 하는 DNA 시료의 수분 함량을 정
확하게 기억하지 못한 것이었다. 내가 크릭에게 일러준 수분 함량의 값
은 어쩌면 자릿수마저 틀린 것인지도 몰랐다.

　로지의 세미나에는 내가 가는 게 아니었다. 크릭이 대신 갔더라면
이런 일은 안 생겼을 것이다. 우리가 일을 너무 신경과민적(神經過敏的)
으로 생각했는지 모른다. 크릭이 갔었더라면 로지의 말이 채 끝나기도
전에 벌써 할 말을 넘겨짚는 크릭의 모습에 윌킨스가 기분이 좋았을 리
가 없다. 어떤 의미에서는 크릭과 윌킨스가 하나의 사실을 동시에 안다
는 것은 심히 부당한 일이었다. 어디까지나 윌킨스가 먼저 문제의 핵심
을 포착할 기회를 잡아야 한다. 그러나 윌킨스는 분자모형으로 문제의
해답을 끌어낼 생각은 도무지 없는 것 같았다. 전날 밤 내가 윌킨스와
이야기하고 있을 때도 그런 기색은 전혀 보이지 않았다. 물론 윌킨스가
그 생각을 감추고 있었을 가능성도 있지만, 그럴 것 같지는 않았다. 윌
킨스는 절대로 그런 인물이 아니다.

　어쨌든 내 기억이 모호했기 때문에 크릭이 당장 할 수 있는 일은 수
분 함량을 알아내는 것이었다. 그 일은 크릭에게는 어려운 문제가 아닌
것 같았다. 그는 곧 어떤 생각이 머리에 떠오른 듯 읽고 있던 원고의 뒷
장에 무엇인가 긁적거리기 시작했다. 나는 그가 뭘 하는 건지 도통 알
수 없어서 읽다 만 《더 타임스》를 다시 집어 들었다. 얼마 후 크릭의 말
소리에 나는 《더 타임스》로부터 나 자신의 문제로 되돌아왔다. 그는 나
에게 코크런-크릭 이론과 로지의 실험 결과 양쪽에 다 부합하는 해답은

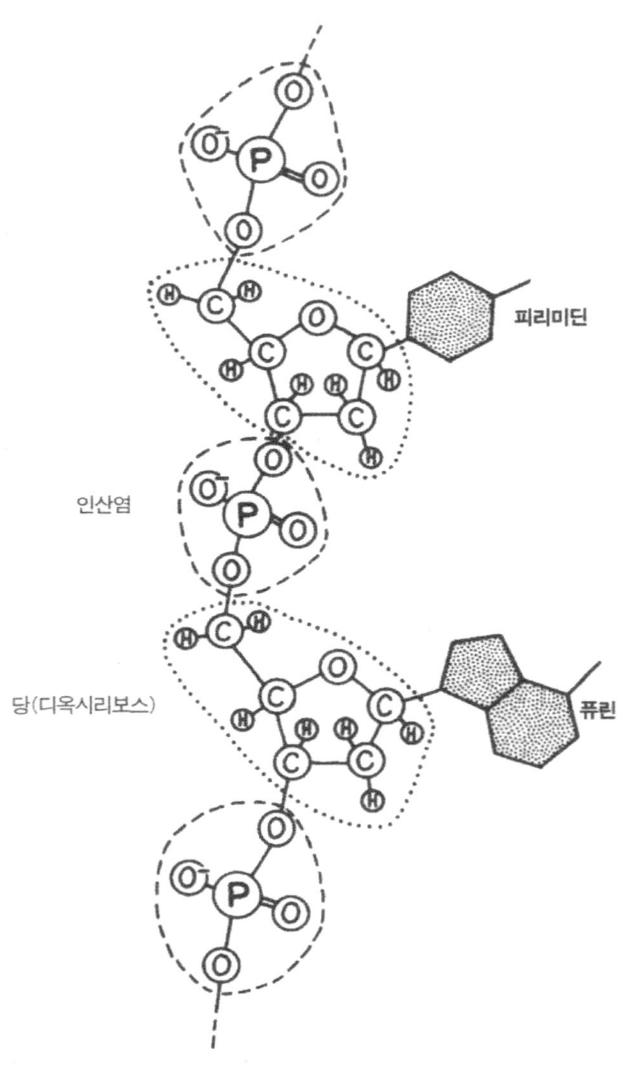

당-인산 뼈대에서 보이는 공유 결합의 상세한 도해

몇 가지 안 된다고 말했다. 그리고 그는 내게 그림을 몇 개 그려 보이면서 문제는 간단하다고 했다. 나는 그가 말하는 수식은 잘 이해할 수 없었으나 이야기의 초점은 그런대로 이해할 수 있었다. 우선 DNA 분자 안에 들어 있는 폴리뉴클레오타이드 사슬의 수를 결정해야 한다는 것이었다. X선 결과만 보면 두 개일 수도 있고 셋이나 넷일 수도 있다. 그러니 문제는 축(軸)을 중심으로 꼬여 있는 DNA 사슬의 반경과 축에 대한 굴곡각도(屈曲角度)를 알아내는 것이었다.

한 시간 반 동안의 기차 여행이 끝날 때쯤 크릭은 문제가 곧 해결되리라고 확신하고 있었다. 일주일 동안만 분자모형을 가지고 궁리해 보면 정확한 해답을 틀림없이 얻을 수 있을 것이다. 그렇게 되면 생체고분자의 구조를 밝혀낼 수 있는 사람이 어디 폴링뿐인가 하고 세상에 뽐낼 수도 있을 것이다. 폴링의 α나선 발표는 케임브리지대학으로서는 상당한 체면 손상이었다. α나선이 발표되기 약 1년 전에 브래그, 켄드루 및 페루츠 세 사람은 폴리펩타이드 사슬의 입체구조에 관한 체계적인 연구 논문을 발표한 바 있으나 이 논문은 완전히 빗나가고 말았다. 브래그 경은 이 일을 두고두고 불쾌해하고 있었다. 그의 예민한 자존심이 몹시 상했던 것이다. 그렇지 않아도 약 25년간에 걸쳐 그는 폴링과 여러 차례 대결해 왔지만 번번이 폴링에게 선수를 빼앗기곤 했다.

그 일에 대해서는 크릭 자신도 약간의 굴욕감을 느끼고 있었다. 브래그 경이 폴리펩타이드 사슬의 입체구조에 깊은 관심을 갖기 시작했을 무렵에는 크릭도 캐번디시에 와 있었다. 게다가 펩타이드 결합 형태에 관한 그릇된 결론을 내리게 한 토론에 그 자신도 관여했다. 실험적 관찰의 의미를 평가할 때 나타나는 그의 날카로운 비판 능력은 그때야말로 발휘됐어야 했다. 그러나 당시 그는 유익한 말은 한마디도 하지 않았다. 동료의 허점을 찌르고 싶지 않아서 그런 것도 아니었다. 다른 때는 브래그 경과 페루츠에게 헤모글로빈에 관한 연구 결과를 너무 비약하고 있다고 여러 사람 앞에서 대놓고 거리낌 없이 비판한 그가 그날 따라 그랬을 리는 없다. 최근 브래그 경이 크릭에 대해 노발대발한 것도 크릭의 이러한 방약무인격(傍若無人格)인 비판적 태도에 대한 화풀이가 분명 작용했던 터였다. 브래그 경이 볼 때 크릭이라는 작자는 나무위에 오른 사람을 흔들기나 하는 일밖에 모르는 친구였다.

그러나 과거의 실패에 집착하고 있을 때가 아니었다. DNA의 구조에 대한 우리의 토론은 그날 오전 내내 그칠 줄을 몰랐다. 누가 곁에 있었더라면 크릭은 아마 그 사람을 붙들고 이 몇 시간 동안 우리가 어떻게 당-인산의 뼈대가 DNA 분자의 중심을 이루고 있다는 결론을 얻었는지 장황하게 설명했을 터다. 이 결론이 아니고는 윌킨스와 로지가 관찰한 결정회절상에 부합되는 구조는 있을 수 없었다. 물론 뼈대에서 외부를 향해 뻗어 있는 불규칙한 엽기 배열이라는 문제는 남아 있었으나, 정확한 내부 구조만 결정하고 나면 그 문제는 절로 해결될 것 같았다.

또 한 가지 문제는 DNA의 뼈대를 이루고 있는 인산기의 음전하(陰電荷)를 중화시키는 것이 무엇인지 밝혀내는 일이었다. 크릭이나 나나 무기(無機)이온의 3차원적 배치에 관해서는 아는 바가 없었다. 우리는 여기서 정말로 쓴 입맛을 다시지 않을 수 없었다. 당시 이온의 구조화학계에서 제1인자는 다름 아닌 라이너스 폴링, 바로 그였기 때문이다. 따라서 문제의 핵심이 무기이온과 인산기의 교묘한 배치 상태를 찾아내는 것이라면 폴링을 당해낼 수 없다는 사실은 너무나 자명했다. 그렇다고 가만히 있을 수는 없는 문제라 우리는 급히 폴링의 고전 명저《화학결합의 본질》(The Nature of the chemical Bond)을 읽어 보기로 했다. 점심을 먹은 우리는 커피 마실 시간도 아껴 가며 서점을 몇 군데 뒤져 겨우 그 책을 구해 우선 필요한 부분만 급히 훑어본 뒤 몇 가지 생각할 수 있는 무기(無機)이온의 크기를 알아내는 데는 성공했다. 그러나 이것이 결정적인 해결책은 아니었다.

대학 박물관 안에 있는 호지킨의 연구실에 도착했을 무렵 우리는 거의 냉정을 되찾았다. 크릭은 자신의 나선이론을 대충 설명했으나 DNA에 관한 우리들의 생각에 대해서는 극히 짧막하게 언급했을 뿐이었다. 화제는 오히려 당시 호지킨 여사의 인슐린(insulin) 연구가 중심이 되었다. 그러는 사이 날이 저물어 너무 오래 있는 것도 실례인 것 같아 우리는 그곳을 나와 맥덜린(Magdalen)으로 갔다. 거기서 그 대학의 연구원으로 있던 에이브리언 미치슨(Avrion Mitchison, 1928~2022)과 레슬리 오글(Leslie Orgel, 1927~2007)을 만나 차를 마시기로 돼 있었다. 그들과 케이크를 먹으면서 크릭이 잡담을 나눌 때 나는 이 맥덜린 학원과 같은 분위기에서 살 수 있으면 얼마나 좋을까 하는 생각을 혼자 해 보기도 했다.

포도주를 곁들인 저녁을 먹을 때 화제는 다시 우리 눈앞에 다가오고 있는 DNA의 성공으로 되돌아갔다. 우리는 저녁 식사를 크릭의 절친한 친구인 이론학자 조지 크라이젤(George Kreisel, 1923~2015)과 함께 했는데, 이 사람의 촌스러운 모습이나 사투리는 내가 상상하고 있던 영국의 철학자와는 너무나 거리가 멀었다. 그러나 크릭은 그를 크게 반기며 예의 그 큰 목소리로 웃으며 떠들었고 크라이젤도 오스트리아식 사투리로 조용한 분위기를 떠들썩하게 만들었다. 한동안 크라이젤은 정치적으로 분할돼 있던 유럽의 여러 지역에서 돈을 놀려 한밑천 잡는 이야기를 신나게 늘어놓았다. 그때 마침 에이브리언 미치슨이 끼어들어 이야기는 잠시 중류 사회 지식층의 가벼운 농담으로 바뀌었으나 이런 잡담은 크라이젤의 취향에는 맞지 않는 듯하여 미치슨과 나는 그들과 작별하고 숙소로 향했다. 얼근히 기분 좋게 취한 나는 숙소로 가는 길에 DNA 연구에 성공하면 무엇을 할 수 있다는 둥 한참을 지껄였다.

12

월요일 아침 식사 때 나는 켄드루 부처에게 DNA에 관한 내 견해를 설명해 주었다. 켄드루 부인은 내가 곧 성공할 것이 틀림없다고 좋아해 주었으나 켄드루는 냉정하게 듣고만 있었다. 크릭이 또 들뜨기 시작했다는 것과 내겐 열의만 있지 알맹이는 하나도 없다는 것을 알고 그는 보수당의 새 내각 출범 기사가 실린 《더 타임스》에 시선을 돌렸다. 잠시 후 켄드루는 자리를 뜨고 켄드루 부인과 나만 남아 예기치 않았던 내 행운의 의미를 되새기고 있었다. 그러나 나도 곧 자리에서 일어섰다. 한시라도 빨리 연구실로 가서 분자모형을 가지고 궁리해 보면 몇 가지 가능성 가운데 어느 것이 가장 합당한가를 그만큼 재빨리 알아낼 수 있기 때문이다.

그러나 크릭과 나는 캐번디시 연구소에 있는 모형들은 전혀 만족스럽지 못하다는 사실을 알고 있었다. 연구소에는 켄드루가 1년 반 전에 폴리펩타이드 사슬의 입체구조 연구에 쓰기 위해 만든 모형이 다였다. DNA에 필요한 인원자(燐原子)의 모형도 없었고 퓨린 염기(鹽基)와 피리미딘 염기 모형도 물론 없었다. 그렇다고 새 모형을 주문할 틈이 켄드

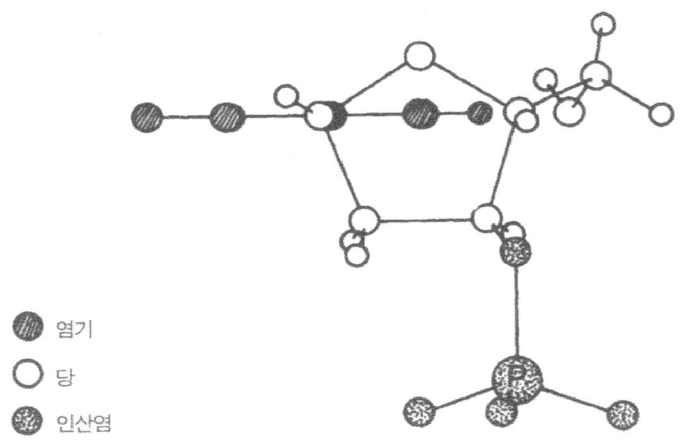

염기 평면이 당을 구성하고 있는 원자 대부분이 이루고 있는 평면과 거의 수직임을 보여주는 뉴클레오티드 모식도. 당시 런던에 있던 버크베대학의 버널(J. D. Bernal) 교수 실험실에서 연구하던 퍼버그(S. Furberg)가 1949년에 발견한 중요한 구조이다. 그 후에 그도 DNA 모델을 만들었다. 그러나 킹스대학에서의 실험 결과를 자세히 알지 못해서 단일 사슬구조를 만들었기 때문에 캐번디시에서는 그의 모델을 진지하게 고려하지 않았다.

루에게는 없었기 때문에 이를 대신할 다른 수단을 강구해야 했다. 놋쇠로 만든다고 해도 일주일은 족히 걸릴 터였다. 하루이틀이면 문제를 해결할 기미가 보일 텐데 일주일을 어떻게 기다리겠는가. 나는 연구실에 들어서자마자 곧 탄소원자 모형에 구리 철사를 감아 탄소보다 직경이 조금 더 큰 인(燐)원자 모형을 만들기 시작했다.

무기이온을 대표하는 부분을 얽어내는 일은 더 어려운 문제였다. 다른 성분과 달라 무기이온은 화학적 결합을 형성하는 각도에 간단한 법칙성(法則性)이 없기 때문이다. 따라서 정확한 모형을 만들려면 DNA의 정확한 구조를 좀 더 자세히 알아야 했다. 그러나 나는 크릭이 어떤 절묘한 방법을 고안해 내서 연구소에 오자마자 곧 전해주지 않을까 하는 한 가닥 희망을 잃지 않고 있었다. 그와 헤어진 지 벌써 18시간이 지났고 아파트에 돌아간 그가 설마 일요신문에 여태껏 정신이 팔려 있을 것 같지는 않았다.

이윽고 크릭이 나타났으나 그는 빈주먹이었다. 일요일 밤 저녁을 먹고 나서 그는 다시 DNA 문제를 생각했으나 뾰족한 해결책을 얻지 못해서 그 문제는 팽개치고 케임브리지 연구원들 사이에서 일어난 성적(性的) 문제의 오해를 다룬 소설을 읽었다고 했다. 그 책은 더러는 재미있는 부분도 있었고, 또 우리 친지 가운데 어떤 이들의 생활을 묘사하고 있는 것이 아닌가 착각할 만큼 난잡한 부분들도 있었다.

오전에 커피를 마시면서도 크릭은 문제를 해결하는 데 필요한 충분한 실험 자료를 가지고 있다는 자신감을 내내 풍기고 있었다. 그 많은 실험 자료 가운데 어느 것에서부터 출발해도 동일한 결과에 최종적으로 도달할 수 있었다. 어쩌면 폴리뉴클레오타이드 사슬이 어떻게 꼬여 있는가만 알아내면 문제는 다 풀린 것이나 마찬가지일 것이다. 그는 여전히 이렇게 낙관적이었다. 그래서 크릭이 X선도를 들여다보면서 생각에 잠긴 동안 나는 원자모형으로 몇 개의 뉴클레오타이드로 구성된 뉴클레오타이드 사슬을 여러 개 만들었다. 물론 천연 DNA 사슬은 굉장히 길지만 그렇게 긴 것을 만들 필요는 없었다. DNA 사슬은 나선이 확

실하므로 단 두 개의 뉴클레오타이드의 위치만 결정하면 나머지 성분
들의 배열은 자동적으로 결정될 수 있다.

기계적인 조립 작업이 1시경에 끝나 크릭과 나는 언제나처럼 화학
자 허버트 굿프로인트(Herbert Gutfreund, 1921~2021)와 함께 점심을 먹
으러 나갔다. 그즈음 켄드루는 피터하우스(Peterhouse)에서 주로 점심
을 먹었고 페루츠는 자전거를 타고 집에 가서 먹었다. 가끔 켄드루의
학생인 휴 헉슬리(Hugh Huxley, 1924~2013)도 우리와 함께 점심을 먹었
으나 요즈음 크릭의 질문 공세에 질렸는지 잘 나오지 않았다. 내가 케
임브리지에 가기 직전에 크릭은 헉슬리가 근육수축(筋肉收縮) 문제를 연
구 과제로 삼은 것을 보고 근육생리학자들이 약 20년간 실험 결과를 축
적해 왔으면서도 체계적으로 종합하지 못하고 있다는 것을 알게 되었
다. 크릭은 바로 그곳이 자기가 나설 무대라고 생각했다. 비록 다 소화
하진 못했으나 이미 헉슬리가 수많은 자료를 잔뜩 모아놓았으니 크릭
자신이 뛰어다니면서 자료 수집을 할 필요는 없었다. 점심을 먹을 때마
다 크릭은 그 실험 결과들로 새 이론을 엮어냈다. 그러나 크릭이 실험
오차라고 치부하는 실험 결과들을 헉슬리가 지브롤터(Gibraltar)의 요새
만큼이나 확고부동한 것이라고 그를 납득시키면 이 이론들은 하루이틀
만에 물거품처럼 사라져 버렸다. 헉슬리는 이제 X선 카메라 조립도 끝
났고 하니 지금부터 관심의 초점이 되고 있는 점들을 해결하기 위한 실
험적 증거를 마련하려는 중이었다. 이럴 때 그가 지금부터 알아낼 것들
을 크릭이 미리 예언이라도 해 버리면 김빠진 맥주 꼴이 되는 것이다.

그러나 그날만은 헉슬리도 크릭에게 지적 침략을 당할 염려를 하지 않아도 되었다. 식당에 들어선 크릭은 페르시아인 경제학자 에프라임 에샤그(Ephraim Eshag)를 만났는데도 쉰 목소리로 늘 하는 식의 인사조차 하지 않았다. 무언가 중대한 일이 생긴 듯 심각한 표정이었다. 하긴 점심을 먹고 나면 우리는 곧 본격적으로 모형 조립을 시작해야 한다. 일을 능률 있게 진행하려면 더 치밀한 계획을 세우지 않으면 안 된다. 우리는 구스베리 파이를 먹으면서도 폴리뉴클레오타이드 사슬을 하나, 둘, 셋 또는 네 가닥으로 차례차례 검토해 보고, 한 가닥의 사슬로만 된 DNA 분자의 나선구조는 우리가 가지고 있는 증거로 볼 때 타당치 않다고 판정하고 배제했다. 그리고 사슬들을 붙들고 있는 힘으로는 둘 또는 그 이상의 인산기(燐酸基)를 결합하고 있는 Mg++와 같은 2가양이온의 염결합(鹽結合)이 가장 가능성이 크다고 생각했다. 그러나 로지의 시료 속에 2가의 양이온이 들어 있다는 증거는 하나도 없었으므로 그런 생각이 모험일지도 모르지만 그렇지 않다는 증거 또한 없었다. 만일 킹스대학에서도 모형을 생각했더라면 어떤 염(鹽)이 존재할지 생각했을 것이고, 그러면 우리가 이렇듯 고생하지 않아도 되었으리라. 그러나 다행히도 당-인산의 뼈대에 Mg++이온 혹은 Ca++이온을 끼워 보면 그럴싸한 구조가 될 것 같아서 더 의심할 나위가 없어 보였다.

그러나 막상 모형을 가지고 일을 시작해 보니 그렇게 마음대로 잘되지는 않았다. 불과 15개 정도의 원자모형을 가지고 하는데도, 원자들 간의 정확한 거리를 유지하기 위해 붙들어 놓은 집게에서 원자들이 자꾸만 떨어졌다. 게다가 몇몇 가장 중요한 원자 사이의 결합 각도가 애매해졌다. 속상한 일이 아닐 수 없었다. 폴링은 펩타이드 결합이 평면적임을 잘 알고 있었기에 α나선에 도달할 수 있었다. 그러나 우리 경우는 좀 달라서 DNA의 구성성분인 뉴클레오타이드들을 하나하나 연결하는 포스포디에스테르(phosphodiester) 결합에는 여러 가지 형태가 있을 수 있다고 생각하게 만든 이유가 너무도 많았다. 우리의 화학적 직관력으로는 어떤 형태가 가장 합당하다고 판단할 수 있을 것 같지 않았다.

그러나 차를 한 잔 마시고 나니 한 가지 형태가 그런대로 만들어지기 시작해 곧 기운을 되찾았다. 그 형태는 바로 세 가닥의 사슬이 서로 꼬여 나선축(軸)에 따라 28Å의 결정학적 반복을 나타내게 하는 것이었다. 이 모양은 윌킨스와 로지의 X선 사진에 잘 들어맞는 것이어서 실험대를 떠나 그날 오후 일의 성과를 음미하고 있던 크릭의 얼굴에 희색이 만면했다. 아직도 몇 개의 원자는 거리가 너무 가까워 퍽 불안했지만 어쨌든 본격적인 조립 작업이 이제 시작된 것이다. 몇 시간만 더 하면 남 앞에 내어놓아도 과히 부끄럽지 않은 모형이 만들어질 것이다.

크릭의 아파트 그린 도어에서 함께 한 그날의 저녁 식사 자리에는 활기가 넘쳐흘렀다. 우리가 하는 말을 오딜은 물론 알아듣지 못했으나 한 달 안으로 크릭이 제2의 성공을 거둘 수 있을 것 같다는 기대에 그녀는 기쁨을 감추지 못했다. 이대로 일이 잘만 되면 그들은 곧 부자가 되고 그래서 차도 한 대 살 수 있으려니 하고 생각했는지도 모른다. 크릭

마그네슘 이온(Mg⁺⁺)이 복합나선의 중심에서 음전하를 띠고 있는 인산 그룹과 결합하는 구조

은 오딜이 알아들을 수 있게 내용을 쉽게 풀어서 이야기한 적이 한 번도 없었다. 그녀가 언젠가 중력(重力)은 지상 3마일밖에는 없다고 말한 것을 들은 후로는 그녀에게 더 이상 말해 보아야 소용없다고 판단한 모양이었다. 그녀는 과학에 대해서는 백지상태였고 다년간 수도원에서 자란 그녀에게 과학을 이해시키려고 하는 것은 애당초 불가능한 일이었다. 그녀에게 바랄 수 있는 것은 고작해야 돈을 세는 계산 정도에 불과했다.

우리의 화제는 그 당시 오딜의 친구와 곧 결혼할 예정이었던 젊은 미술학도 하머트 와일(Harmut Weil)에게로 옮겨갔다. 그러나 이 화제는 크릭에게는 과히 유쾌한 것이 못되었다. 아리따운 아가씨 하나가 그들의 사교 집단에는 빠져나가는 것이기 때문이다. 더욱이 크릭에게는 와일과 관련된 불쾌한 일이 몇 가지 있었다. 와일은 결투를 신조로 삼는 독일 대학의 전통 속에서 자랐고, 또 케임브리지의 젊은 아가씨들을 카

메라 앞에 세우는 데 비상한 재주를 지니고 있었던 것이다.

그러나 그 이튿날 연구실에 나타난 크릭의 머리에는 아가씨 생각은 말끔히 가시고 없었다. 잠시 동안 몇 개의 원자를 이리저리 끼워 맞추어 놓고 보니 세 가닥의 사슬로 구성된 모형은 아주 그럴싸해 보였다. 다음 할 일은 이 모형을 로지의 정량적(定量的) 측정 결과와 대조해 보는 일이었다. 이 모형은 내가 로지의 세미나에서 듣고 크릭에게 전한 대로의 수치에 따라 나선으로 만든 것이므로 X선의 반사점(反射點)의 위치와 대체로 잘 부합돼야 했다. 또 이 모형이 옳다면 이것으로 여러 X선반사의 상대적 강도도 정확이 추론(推論)할 수 있을 것이다.

크릭은 급히 윌킨스에게 전화를 걸었다. 그리고 나선회전으로 DNA 모형의 가능성을 검토해 볼 수 있었다고 설명하고, 모두가 고대하고 있는 해답일지도 모를 모형을 드디어 만들어 냈다고 말했다. 우리는 윌킨스가 곧장 달려와서 우리의 모형을 구경할 줄 알았다. 그러나 그는 확실한 날짜를 약속하지는 않고 다만 며칠 안에 가보겠다고 말할 뿐이었다. 전화를 끊은 조금 후에 켄드루가 들어와 우리는 이 상륙작전이 성공했다는 소식을 윌킨스가 어떻게 받아들였는지 물었다. 크릭은 윌킨스의 대답을 요약하지 못했다. 윌킨스는 우리 일에 관심이 전혀 없는 것처럼 보였던 것이다.

그날 오후 우리가 모형을 좀 더 만지작거리고 있는데 킹스대학에서 전화가 왔다. 윌킨스가 다음 날 아침 10시 10분 기차로 런던에서 오겠다는 것이었다. 그러면서 혼자가 아니라 그의 공동연구원 중 한 사람

인 윌리 시즈도 같이 온다고 말했다. 게다가 로지도 지도 학생인 고슬
링(R.G. Gosling, 1926~2015)을 데리고 같은 기차로 온다고 전했다. 그들
역시 관심을 가질 수밖에 없었던 것이다.

13

역에 내린 윌킨스는 우리 연구소까지 택시를 타기로 했다. 평소 같으면 버스를 탈 테지만, 그날은 일행이 넷이라 택시요금을 나눠 내기로 했다. 요금도 요금이려니와 버스 정거장에서 로지와 함께 차를 기다리는 일이 고역이었다. 가뜩이나 유쾌하지 못한 지금의 심정을 필요 이상으로 더 악화시킬 것이기 때문이다. 그도 로지에게 호의적인 말은 한마디도 하지 않았거니와 로지는 로지대로 두 사람 다 지금부터 굴욕감을 느껴야 할지도 모른다고 불안해하는 그 순간에도 윌킨스의 존재에는 전혀 관심이 없다는 듯 고슬링과만 이야기하고 있었다. 연구소에 도착해서도 윌킨스는 로지와 같이 왔다는 말 한마디만 겨우 했을 뿐 그녀에 관해서는 일절 말하지 않았다. 윌킨스는 이런 난처한 분위기에서는 막막한 과학 이야기로 들어가기 전에 잠깐 잡담이라도 하는 것이 좋겠다고 생각한 듯했으나, 로지는 정반대로 잡담이나 하러 애써 여기까지 온 것이 아니니 빨리 본론으로 들어가자고 했다.

페루츠와 켄드루는 크릭의 화려한 무대를 방해하지 않았다. 그날만은 크릭의 날이었다. 그들은 윌킨스와 잠깐 인사를 나눈 뒤 볼일이 있다면서 자신들의 공동연구실로 가 버렸다. 윌킨스 일행이 오기 전 크릭과 나는 우리의 성과를 두 단계로 나눠 보여 주기로 합의했었다. 먼저 크릭이 나선이론의 장점을 요약해서 설명하고, 이어서 우리가 DNA 모형에 도달하게 된 경위를 함께 설명하자는 것이었다. 그리고 점심 식사를 한 다음 앞으로 할 일을 논의하고 최종 단계를 매듭짓기로 했다.

쇼의 첫 단계는 예정대로 잘 진행됐다. 크릭은 나선이론의 위력을 조금의 과소평가도 없이 당당히 피력했고 베셀(Bessel) 함수(涵數)가 문제를 깨끗이 해결하는 줄거리를 불과 수 분만에 설명했다. 그러나 크릭의 의기양양한 표정과는 달리 방문객 중 그 누구도 감동한 기색을 보이지 않았다. 오히려 윌킨스는 그 방정식은 별로 언급하지 않고, 크릭의 이론은 그의 친구 스톡스가 크릭처럼 요란스럽게 나팔은 불지 않았어도 이미 오래전에 풀어 놓은 수식에 불과하다는 점만 애써 강조하려 했다. 스톡스는 그 문제를 어느 날 아침 종이 한 장에 이론으로 정리했다는 것이다.

로지는 나선이론의 선취득권 쟁취전(先取得權 爭取戰)에는 도무지 관심이 없는 듯 크릭이 말을 길게 계속하자 초조한 기색을 나타내기 시작했다. 그녀의 생각에는 DNA가 나선이라는 증거는 털끝만큼도 없으므로 그따위 설교는 아무 쓸모도 없었다. DNA가 나선인지 아닌지는 X선 연구를 좀 더 해보아야 알 수 있었다. 우리의 모형 그 자체를 보고도 그녀는 경멸을 더할 뿐이었다. 도무지 믿지 않았다. 우리가 세 가닥의 사슬로 꼬여 있는 모형에서 인산기(燐酸基)를 서로 붙들고 있는 Mg^{++}이온

이야기를 하자 그녀는 정면으로 반박하고 나섰다. 그녀는 Mg^{++}이온은 물 분자라는 단단한 외투로 둘러싸여 있으므로 견고한 구조의 못이 될 수 없다고 단호하게 지적하면서 말이 안 된다고 했다.

제일 난처한 것은 그녀의 반박이 단순한 심술이 아니라는 점이었다. 나는 그때 로지의 DNA 시료의 수분 함량을 내가 잘못 기억하고 있었나 싶어 몹시 당황했다. 정확한 DNA 모형은 지금 우리가 만든 것보다 적어도 10배 이상의 물을 함유하고 있어야 한다는 엄청난 사실이 명백해진 것이다. 그렇다고 해서 우리의 모형이 꼭 틀렸다는 것을 의미하는 것은 아니었다. 잘하면 여분의 물을 나선 주변에 있는 빈자리에 끼워 넣을 수도 있을지 모르는 일이었다. 그러나 우리의 논거는 빈약하다는 결론만은 피할 길이 없었다. 물의 함량이 더 많아야 된다면 생각할 수 있는 DNA 모형은 그 수가 엄청나게 늘어날 터였다.

점심 식사 때 대화의 주도권은 여전히 크릭이 쥐고 있었지만 그의 태도는 최신 지식을 아직 접해 보지 못한 식민지의 불우한 아이들을 가르치는 선생님 같은 그런 자신만만한 태도는 아니었다. 공이 누구 손에 있는가 하는 것은 누가 봐도 명백했다. 그날의 회합에서 우리를 구제할 최선의 길은 다음 실험을 어떻게 해야 할지에 대해 합의를 보는 정도에 불과했다. 특히 인산기의 음전하(陰電荷)를 중화시키는 정확한 이온이 무엇이냐에 따라 DNA 구조가 달라지는지 아닌지를 알아내는 데는 불과 몇 주면 충분할 것이다. 그러면 Mg^{++}이온이 중요하냐 아니냐 하는 이 지긋지긋한 불확실성(不確實性)도 자취를 감출 것이다. 그런 다음 다시 모형을 조립해 보면 크리스마스 전에 잘하면 끝낼 수 있을지도 몰랐다.

점심 식사 후의 산책도 사태를 조금도 호전시켜 주지 않았다. 로지와 고슬링은 우리에게 마치 싸움이라도 거는 듯 딱딱하게만 굴었다. 내가 보기에도 두 사람의 향후 연구 방향이 어린아이 헛소리 같은 우리 이야기를 들으러 50마일이나 여행을 한 것 때문에 변경될 리는 없었다. 윌킨스가 윌리 시즈는 로지에 비하면 훨씬 이성적이었지만 그것도 로지에 대한 반감의 반사작용이 아니라는 법도 없었다.

연구실에 돌아와서도 사태는 여전했다. 크릭은 솔직하게 항복하는 것이 싫어서 우리가 모형을 조립하게 된 경위를 상세히 늘어놓았다. 그러나 그의 말에 귀를 기울이고 있는 것은 나뿐이라는 것을 알자 그는 기가 푹 죽어버렸다. 우리는 우리가 그토록 애써 만든 모형이 쳐다보기조차 싫어졌다. 좀 전까지만 해도 그렇게 대견스럽던 그 모형의 매력은 온데간데없고, 임시방편으로 조잡하게 만든 인원자(燐原子) 모형은 아무리 봐도 쓸모 있어 보이지 않았다. 멍하게 앉아 있던 우리는 윌킨스가 서둘러 버스를 타면 리버풀(Liverpool)로 출발하는 3시 40분 기차를 탈 수 있겠다고 말한 것을 기회로 작별 인사를 하고 곧 헤어졌다.

14

우리의 패배 소식은 금방 온 연구소에 쫙 퍼졌고, 재빨리 계단을 타고 올라가서 브래그 경의 귀에까지 들어갔다. 이 소식은 사람들로 하여금 크릭이 조금만 더 입을 다물고 있었어도 그런 실수는 안 했을 것이라는 확신을 갖게 했을 뿐 표면상으로는 별일이 없는 듯했으나 이면(裏面)에서는 우리가 염려하고 있던 일이 드디어 벌어지고 있었다.

우리의 실수는 윌킨스의 상사인 랜들과 브래그 경이 킹스대학에 그토록 많은 투자를 해서 DNA 연구를 하는 상황인데 다시 크릭과 어떤 미국인이 똑같은 일을 반복할 필요가 있는가를 논의하는 계기가 된 것이다.

크릭을 잘 알고 있는 브래그 경은 크릭이 재차 무익한 소동을 벌였다는 소식을 듣고도 이미 예기하고 있었다는 듯 그다지 놀라지는 않았다. 그는 크릭이 다음에는 어디서 어떤 일을 저지를지 아무도 알 수 없고 이런 식으로 나가면 앞으로 5년을 더 있어도 박사학위를 보장할 만한 일을 해내지 못할 것이 뻔하다고 생각하는 듯했다. 그러나 캐번디시의 교수로서 크릭의 남은 재직 기간을 줄곧 그와 함께 참고 지내야 한다는 것은 브래그 경이 아니라 하더라도 정상적인 신경을 지닌 사람이라면 견딜 수 없는 고통이었을 것이다. 더욱이 브래그 경은 너무나 오랫동안 유명한 부친의 그늘에 가려져 있었고, 브래그의 법칙을 발견한 날카로운 통찰력도 대다수 사람은 그의 통찰력이 아니라 그의 부친 덕택이라고 생각하고 있었다. 이제야 그는 과학계에서 가장 권위 있는 의자에 앉은 보람을 실컷 누려야 할 때인데 시원찮은 천재의 창피한 실책에 책임을 져야 하는 것이다.

그런고로 페루츠를 통해 크릭과 내게 DNA 연구를 중단하라는 결정이 하달됐다. 브래그 경이 페루트와 켄드루에게 물어보니 우리의 연구방법에는 하등의 독창성도 없어서 그는 이 결정이 과학의 진보에 걸림돌이 될지도 모른다는 양심의 가책은 전혀 느끼지 않았다. 그는 폴링의 성공 후에도 DNA의 나선구조를 신봉한다는 것은 지극히 머리가 단순하다는 것을 의미할 뿐, 그 이상의 의미는 없다고 생각하고 있었다. 나선구조에 대한 신봉은 킹스대학에 맡겨 놓는 것이 상책이다. 그러면 크릭은 그의 학위논문 주제, 즉 각종 비중(比重)의 염용액(鹽溶液)에서의 헤모글로빈 결정 수축에 관한 연구에 전력을 경주할 수 있을 것이고, 1년이나 1년 반쯤 꾸준히 일을 하면 헤모글로빈 분자의 형태에 관해 좀 더 확실히 알 수 있을 것이다. 그래서 박사학위를 그의 호주머니에 넣어주고 딴 일자리를 찾아주면 될 것이 아닌가.

이 결정에 대해서 이의를 제기하는 사람은 하나도 없었다. 우리도 브래그 경의 결정에 대해서 공개적으로는 항의하지 않았기 때문에 페루츠와 켄드루도 안심한 모양이었다. 우리가 여기서 드러내놓고 떠들면 DNA가 무슨 약자인지도 모르는 우리 교수님의 무식을 폭로하는 것밖에 안 된다. 브래그 경으로서는 그가 비누 거품 모형으로 만들어 좋아하고 있는 금속 구조에 비해 DNA는 그 100분의 1만큼도 중요하지 않았다. 그 당시 브래그 경은 거품이 서로 충돌하는 모습을 찍은 그의 독창적인 영화필름을 사람들에게 보여 주는 것을 가장 즐거워했다.

우리는 브래그 경과 평화를 유지하기 위해서 우리의 정당성을 주장하지 않기로 하였다. 그리고 우리는 당-인산을 뼈대로 한 모형 때문에 난관에 봉착한 상태인 만큼 당장은 저자세로 있는 것이 옳다고 생각했다. 이 모형은 아무리 들여다보아도 마땅치 않았다. 킹스대학 친구들이 왔다 간 다음날 우리는 이 불운했던 모형과 그밖에 우리가 생각할 수 있는 모든 변형들을 곰곰이 검토해 봤다. 확실치 않았지만 아무리 들여다보아도 당-인산 뼈대를 나선 중앙에 놓으면 다른 원자들은 화학 법칙으로는 도저히 설명할 수 없을 정도로 서로 가까이 밀집해 버리는 것 같았다. 한 원자를 적당한 거리에 떼어 놓으면 다른 원자와의 거리가 또 너무 가까워졌다.

결국 우리는 모든 것을 백지상태에서 다시 시작하지 않으면 안 되었다. 게다가 지난 그 일로 킹스대학과도 이젠 서먹서먹하게 되었으니 새 실험 결과의 정보원도 고갈되어 버린 셈이었다. 앞으로는 연구토론회에 초대해도 오지 않을 터였다. 윌킨스에게 지나가는 말로 넌지시 물어보아도 그는 또 DNA를 만지고 있나 하고 경계할 뿐이었다. 또 우리가 모형 조립을 단념한다고 해서 저쪽에서의 활동이 그만큼 더 활발해질 리도 없다. 우리가 아는 바로는 킹스대학에서는 아직 필요한 원자의 3차원적 모형조차도 만든 적이 없었다. 그런데도 일을 빨리 추진시키기 위해 우리가 쓰던 원자모형들을 주겠다고 제의했을 때도 그들은 별로 탐탁하게 받아들이지 않았다. 그러나 윌킨스는 수 주 내로 적당한 사람을 골라서 모형을 만들게 하여 다음에 우리 가운데 누군가 런던에 올 일이 있으면 보여 주겠다고 약속하기는 했다.

그렇다 보니 크리스마스 휴가가 눈앞에 다가왔을 무렵에는 대서양 영국 쪽에서 누군가가 DNA의 베일을 벗긴다는 전망은 완전히 흐려져 버렸다. 크릭은 단백질 연구로 되돌아갔지만 브래그 경의 명령에 복종해 학위논문에 관한 연구를 하는 것은 여전히 마음에 들지 않았다. 그는 2~3일간 비교적 조용히 있다가 이번에는 α나선 자체가 다시 초나선(超螺旋)으로 꼬여 있다는 착상을 도도히 논하기 시작했다. 그러나 DNA에 관해서는 점심 시간에 나하고만 이야기할 뿐이었다. 다행히 켄드루는 DNA에 대한 착상을 머릿속으로만 생각만 하는 것은 연구중지령에 저촉되지 않는 것으로 여겼고, 나를 미오글로빈 연구에 다시 끌어넣으려고도 하지 않았다. 그래서 나는 우울하고 침통해하며 이론화학 공부를 했다가 또 DNA 연구의 단서가 될 만한 논문이 없나 하고 잡지를 뒤적이다가 하면서 나날을 보내고 있었다.

그 무렵 내가 제일 자주 펴본 책은 크릭이 가지고 있던 《화학결합의 본질》이었다. 이 책은 크릭이 화학결합의 엄밀한 길이를 알아내려 할

때도 내 실험대 위에 자주 펼쳐져 있었다. 폴링의 이 명저 속에 문제의
비결이 꼭 숨어 있을 것 같다는 생각이 들었다. 그래서 크릭이 책을 한
권 더 사서 내게 선물했을 때 진심으로 좋은 선물이라고 생각했다. 그
책 표지 뒤에는 「프랜시스(Francis)로부터 짐(Jim)에게—1951년 크리스
마스」라고 적혀 있었다. '선물'이라고 하는 이 기독교의 유물은 참으로
유익하구나 하는 생각이 처음으로 들었다.

15

나는 크리스마스 휴가 때 케임브리지에 있지 않았다. 에이브리언 미치슨이 나를 그의 양친이 살고 있는 킨타이어(Kintyre) 해변의 카라데일(Carradale)로 초대했기 때문이다. 나는 이 초대를 퍽 기쁘게 받아들였다.

유명한 작가인 미치슨의 어머니 나오미(Naomi)와 노동당의원이었던 아버지 딕(Dick)은 휴가 때 자신들의 넓은 저택에 기인재사(奇人才士)들을 잔뜩 모아놓고 지냈다. 더욱이 미치슨의 어머니는 영국에서 가장 비상하고 비범한 생물학자 홀데인(J.B.S. Haldane, 1892~1964)의 누이동생이었다. 유스턴(Euston) 역에서 마중 나온 미치슨과 그의 여동생 밸(Val)을 만났을 때 내 머릿속에는 DNA 연구가 암초에 부딪혔다는 점도, 새해에 또 장학금이 나올 수 있을지 의문이라는 점도 깨끗이 사라졌다. 글래스고(Glasgow)행 야간열차에는 이미 빈자리가 없었기 때문에 나는 짐을 깔고 앉아 밸이 매년 옥스퍼드에 늘어나는 미국인들은 도무지 재미가 없고 촌뜨기 같기만 하다는 등의 이야기를 들으면서 10시간 동안 이동했다.

　나는 글래스고에서 여동생 엘리자베스를 우연히 만났다. 그녀는 코펜하겐에서 프레스트윅(Prestwick)까지 비행기로 온 터였다. 2주 전에 온 그녀는 편지에 어떤 덴마크인이 그녀를 따라다닌다고 썼었다. 그 덴마크인은 한참 성공 가도를 달리고 있는 배우라는 얘기를 듣고 왠지 불길한 예감을 느낀 나는 엘리자베스를 카라데일로 같이 데려가도 될지 미치슨에게 물어보았다. 그래도 좋다는 대답을 들은 나는 한시름 놓았다. 아무리 엘리자베스라도 한적한 시골의 색다른 집에서 2주씩 지내다 보면 덴마크로 시집갈 생각은 잊어버릴 것이 틀림없었다.

　우리는 캠벨타운(Campbelltown) 버스가 카라데일로 출발하는 곳에서 미치슨의 아버지 딕(Dick) 미치슨을 만나 그의 차로 20마일의 언덕길을 달려 미치슨의 양친이 20년간을 살아 온 스코틀랜드의 조그마한 어촌에 도착했다. 우리가 총기실(銃器室)과 몇몇 식품 창고가 연결된 돌복도를 거쳐 식당에 들어섰을 때 방안에는 듣기에도 재기가 넘치고 기품 있는 대화와 저녁 식사가 한창이었다. 미치슨의 형인 동물학자 머독(Murdock)은 이미 와 있어서 세포 분열 이야기 등으로 사람들을 어리둥절하게 만들고는 혼자 좋아하고 있었다. 그러나 화제는 주로 정치 아니면 미국의 편집광들이 안출(案出)해낸 졸렬한 냉전 이야기였고, 이런 미국 정치인들은 하루빨리 중서부의 그들의 법률사무소로나 돌아가야 한다고 기염을 토하고 있었다.

　이튿날 아침 나는 그곳의 추위를 피부로 느꼈다. 이 추위를 견디려면 침대에 하루 종일 드러누워 있거나 그것도 아니면 비가 억수로 쏟아지지 않는 한 바깥을 걸어 다니는 수밖에 없었다. 미치슨의 아버지는 오후에는 꼭 누군가를 데리고 비둘기사냥에 나갔다. 나도 한번은 따라 나섰지만 비둘기가 시야에서 멀리 사라진 뒤에야 겨우 한 방 쏘아본 후로는 되도록 응접실 난롯가에 가까이 드러누워 있는 편을 택했다. 때로는 독서실에 가서 윈덤 루이스(Wyndham Lewis, 1884~1957, 영국의 화가·작가)가 그린 미치슨의 어머니와 형제들의 근엄한 초상화 밑에서 탁구를 치는 것도 추위를 견디는 한 방법이었다.

눈치가 둔한 나는 일주일이 더 지나서야 겨우 이 좌경적(左傾的)인 가족들도 손님들의 옷차림에 신경을 쓰고 있다는 것을 알아차렸다. 나는 미치슨의 어머니와 몇몇 부인들이 저녁 식사 때 정장을 입고 오는 것을 보고 노년기에 접어든 증거이자 부질없는 짓이라고까지 생각했다. 내 머리 모양은 그 무렵 미국식 스타일을 거의 벗어나고 있었으므로 나는 내 모습이 딴 사람들의 주의를 끌 것이라고는 전혀 생각하지 않았다. 내가 처음 케임브리지에 도착한 날의 이야기다. 페루츠로부터 나를 소개받은 오딜은 내 모습에 굉장히 놀란 모양이었다. 그녀는 그날 밤 크릭에게 "미국에서 어떤 대머리 총각이 공부하러 온 모양이지요" 하고 말하더라는 것이다. 그래서 나는 케임브리지의 풍경에 어울리도록 당분간 이발소에 안 가는 것이 상책이라고 생각했다. 나의 이러한 모습을 보고 엘리자베스는 깜짝 놀랐지만 나는 몇 달만 지나면 외모에 대한 그녀의 가치관도 영국의 지식인처럼 바뀌리라고 생각했다. 그리고 카라데일이란 곳이 일보 더 전진하기에 절호의 환경이라고 생각하고 이번

클레어 다리를 배경으로 자세를 취한 엘리자베스 왓슨

에는 수염까지 길러보았다. 나는 내 붉은 수염이 마음에 들지 않았지만 찬물로 면도하는 게 영 고통스러웠다. 그러나 1주일 후 벨과 머독의 눈총에 못 이겨, 그리고 예상했던 대로 여동생이 불쾌해하는 것을 보고 나는 수염을 싹 깎고 저녁 식사 자리에 갔다. 이런 내 모습을 본 미치슨 어머니의 칭찬을 들은 나는 역시 수염을 깎기 잘했다는 생각이 들었다.

저녁마다 벌어지는 게임도 내게는 난처하기만 했다. 이 게임은 어휘가 풍부한 사람일수록 유리했던 만큼 나는 도저히 따라갈 수 없어 매번 미치슨가 여인들의 우월감에 찬 동정적인 눈초리를 받을 바에야 차라리 의자 뒤에 납작하게 숨어버리고 싶은 심정이었다. 그러나 워낙 사람이 많아서 내 차례는 그렇게 자주 오지는 않았기 때문에 초콜릿 상자 옆에 자리를 잡고 그 상자를 딴 사람들에게 돌리지 않는 것을 남들이 눈치채지 않기를 바라며 조마조마하게 앉아 있었다. 그것보다 재미있었던 것은 2층 마루방의 어두운 구석에서 했던 '살인'(Murder)이라는 놀이였다. 그 놀이에서 가장 잔인한 상습 살인자는 카라치(Karachi)에서 교편을 잡다가 막 돌아온, 그리고 인도의 위선적 채식주의자(菜食主義者)들의 열렬한 지지자인 미치슨의 여동생 로이스(Lois)였다.

나는 이 집에 머물기 시작한 때부터 좌경적 색채를 띤 미치슨가와의 작별이 몹시 아쉬워질 것 같은 생각이 들었다. 바깥문을 열어놓아 서풍이 막 불어 들어오게 하는 이 집의 습관도 영국식 사과주가 곁들여지는 점심 식사를 상상하고 있으면 그런대로 견딜 만했다. 그러나 머독이 나더러 실험생물학회의 런던회합에 나가서 한마디 하도록 주선해 버렸기 때문에 나는 어쩔 수 없이 신정(新正) 3일에는 떠나야 했다. 떠나기 이틀 전, 눈이 엄청나게 내려 메마른 황무지가 온통 남극의 빙산처럼 보였다. 강설로 교통이 막힌 캠벨타운 도로를 따라 오후 산책을 하기엔 절호의 기회였다.

미치슨은 나와 함께 걸으면서 그의 학위논문 주제인 면역성 이식에 관해 이야기했고, 나는 이야기를 들으면서 내가 떠나는 날에도 이 길이 막혔으면 하는 생각을 하고 있었다. 그러나 일기는 내 편이 아니었다.

이틀 후 우리 일행은 그 집을 떠나 타버트(Tarbert)에서 클라이드(Clyde) 기선을 탔고 다음 날 아침 런던에 도착했다.

케임브리지로 돌아가면서 나는 미국에서 내 장학금에 관한 무슨 통지가 와 있을 줄 알았으나 아무런 공식 통지도 없었다. 걱정할 필요가 없다는 루리아의 편지가 온 것은 지난 11월이었는데 지금까지 아무 소식이 없으니 아무래도 불길한 전조(前兆) 같았다. 아직도 결정이 안 난 걸 보니 최악의 경우도 생각하지 않을 수 없었다. 하지만 설령 장학금이 끊어진다 해도 기분이 다소 상할 뿐 굶어 죽지는 않을 것이다. 켄드루와 페루츠가 장학금이 완전히 끊기면 영국에서 적은 액수나마 생활비를 보내주마고 약속했던 것이다. 정월이 다 될 무렵에야 공중에 떠 있던 내 신분이 워싱턴에서 날아 든 한 장의 편지로 낙착되었다. 미역국을 먹은 것이다. 편지에 따르면 장학금 지급은 지정된 연구소에서 일하는 경우에만 유효하다는 규정이 인용돼 있었다. 내가 이 규정을 위반했으니, 그들로서는 장학금 지급을 중단할 수밖에 없다는 것이었다.

편지의 두 번째 구절에는 그 대신 다른 장학금을 지급하겠다고 적혀 있었다. 그러나 그것은 나를 오래 기다리게 했다고 용서한다는 것은 아니었다. 보통 장학금은 관례적으로 12개월 기간인 데 반하여 이 새로운 장학금은 8개월, 즉 5월 중순에 종료된다고 명시돼 있었다. 위원회 지시대로 스톡홀름(Stockholm)으로 가지 않는 데 대한 벌금이 1000달러인 셈이다. 신학기가 시작되는 9월 안에 다른 장학금을 신청한다는 것은 당시엔 사실상 불가능하였으므로 나는 두말하지 않고 그 돈을 받기로 했다. 지금 형편에 2000달러가 어디냐 싶었다.

그로부터 일주일이 채 안 돼 워싱턴으로부터 또 한 통의 편지가 왔다. 같은 사람이 보낸 것이었지만 이번에는 장학금위원회 위원장으로서가 아닌 국립연구협의회(National Research Council)의 위원장 명의로 돼 있었다. 내용은 그 위원회에서 계획하고 있는 한 학회에서 바이러스 생장에 관한 강연을 해 달라는 것이었다. 그 학회는 윌리엄스타운(Williamstown)에서 6월 중순, 즉 내 장학금 만기일로부터 한 달 후에 열릴 예정이었다. 나는 6월이 아니라 9월이라도 영국을 떠날 생각은 전혀 없었기 때문에 답장을 어떻게 쓸지 한참을 궁리했다. 처음에는 예기치 않았던 경제적 문제 때문에 갈 수 없다고 쓸까 했지만 그러면 그가 나를 곤경에 빠뜨리는 데 성공했다고 생각하고 만족해할 것 같아 케임브리지의 지적 분위기가 마음에 들어 6월 중순에 미국에 돌아갈 생각이 없다고 써서 보내 버렸다.

16

나는 당분간 담배 모자이크 바이러스(tabacco mosaic virus, TMV)에 관한 일이나 하면서 지내기로 작정했다. TMV의 핵심적인 성분은 핵산(核酸)이므로 그렇게 하면 DNA에 대한 관심을 놓지 않으면서도 남들에게 내가 아직도 DNA에 집착하고 있다는 것을 감추기에도 안성맞춤이었다. 물론 TMV 핵산은 DNA가 아니고 리보핵산(ribonucleicacid, RNA)이다. 윌킨스가 RNA 연구에 대해서는 심통을 부리지 않을 테니 차라리 이쪽이 마음 편했다. RNA를 해결하면 DNA 해결의 결정적 단서가 될 수도 있을 터였다. 그러나 TMV 분자량은 약 4000만으로 추산되고 있어 첫눈에 보아도 켄드루나 페루츠가 몇 년씩 붙잡고 연구하면서도 아무런 생물학적 가치가 있는 결과를 얻지 못하고 있는 미오글로빈이나 헤모글로빈 분자보다 훨씬 더 커서 다루기가 매우 힘들 것 같았다.

뿐만 아니라 TMV는 이전에 버널(J.D. Bernal, 1901~1971)과 팬쿠켄(I. Fankucken)이 X선으로 연구한 적이 있는데, 바로 그게 문제였다. 버널의 두뇌는 가히 초인적이어서 나로서는 결정학적 이론을 도저히 그처럼 자유자재로 구사할 도리가 없었다. 나는 2차 세계대전이 일어난 직후 《일반생리학잡지》(Journal of General Physiology)에 게재된 그의 고전적 논문조차도 대부분 이해하지 못했다. 이 논문은 《일반생리학잡지》에 실릴 성격의 보고서는 아니었지만 당시 버널은 군의 위탁 연구에 몰두하고 있었고, 마침 미국에 돌아온 팬쿠켄이 수많은 바이러스 학자들이 읽을 것이라고 기대하고 그 잡지에 싣기로 한 것이었다. 전쟁 후 팬쿠켄은 바이러스에 흥미를 잃었고, 버널은 심심풀이로 단백질 결정학에 손을 대고 있었으나 공산주의 국가와의 우호관계를 증진시키는 데 더 열을 올리고 있었다.

그들의 논문에는 이론적 근거가 희박한 부분도 많았지만 그것만 빼면 배울 점은 많았다. 그들은 TMV가 수많은 동일한 단체(單體)로 구성되어 있다고 했으나 그 배열 상태에 대해서는 밝히지 못했다. 1939년 당시로서는 단백질과 RNA가 근본적으로 다른 방식으로 배열돼 있으리라는 생각 자체가 무리였을 것이다. 그러나 지금은 단백질에 수많은 단체가 존재하고 RNA에는 그렇지 않다는 가설이 옳아 보였다. RNA의 단체라는 게 존재한다면 결국 폴리뉴클레오타이드 사슬일 텐데, 이 사슬은 속에 유전자가 들어 있다고 생각하기에는 너무 작았다. 따라서 TMV의 구조는 RNA가 중심에 자리 잡고 그 주위를 단백질의 수많은, 그리고 동일한 단체들이 둘러싸고 있는 구조라고 생각하는 것이 제일 합리적이었다.

사실 단백질의 구성 단체에 관해서는 이미 생화학적 증거가 나와 있었다. 1944년에 독일인 게르하르트 슈람(Gerhard Schramm)은 TMV 입자를 약한 알칼리로 처리하면 유리(遊離) RNA와 동일하지 않을지는 몰라도 유사한 수많은 단백질 분자로 분리된다고 보고했다. 그러나 전쟁 탓도 있고 해서 슈람의 논문을 믿는 사람은 독일인 이외에는 사실상 없었다. 패색이 짙은 전쟁 말기에 그토록 방대한 실험을 계속하는 것을 그 짐승 같은 나치의 위정자들이 허용했을 리 없다고 대부분의 사람들이 생각하고 있었던 것이다. 설사 그 실험을 했다고 해도 그것은 나치의 직접 원조를 받아서 한 것이니 결과가 잘못 해석됐다고 상상하는 것도 무리는 아니었다. 따라서 이런 슈람의 실험을 반증하기 위해 시간을 낭비하는 생화학자도 있을 리 없었다. 그러나 나는 버널의 논문을 읽고 나서 갑자기 슈람의 논문에 굉장한 흥미를 느꼈다. 그는 결과를 잘못 해석했는지는 몰라도 어쨌든 정답에 도달한 듯하다는 생각이 들었던 것이다.

몇 개의 X선 사진만 더 있으면 단백질 단체의 배열 양식을 알 수 있을 것 같았다. 그리고 만일 그 단체들이 나선상으로 포개져 있다면 더 쉽게 알 수 있을 것 같았다. 그 발상에 흥분을 감추지 못한 나는 버널과 팬쿠켄의 논문을 철학도서관에서 가져와 실험실에 있던 크릭에게 논문에 실린 X선 사진을 보여줬다. 그는 나선구조의 특징인 공백 부분을 그 사진에서 발견하고는 곧 행동을 개시해 나선형인 TMV구조라고 여겨지는 몇 가지 종류를 단숨에 내리 섬겼다. 이때 나는 나선이론을 이해하지 않고는 아무 것도 할 수 없다는 사실을 깨달았다. 크릭이 시간을 내어 나를 도와주길 기다리며 수학 공부를 게을리해도 됐지만 크릭이 없을 때는 그저 우두커니 앉아 있어야만 한다. 다행히도 왜 TMV의 X선 사진이 23Å의 주기를 가지고 있는 나선구조를 의미하는지 밝혀내는 데는 약간의 피상적인 지식만으로도 족했다. 사실 그 법칙성이라는 것은 간단하기 짝이 없어서 크릭은 그것을 「조류(鳥類)관찰자를 위한 푸리에 변환」("Fourier Transforms for the Birdwatcher")이라는 제목으로 논문을 쓸 생각까지 할 정도였다. 그는 아마 내가 시카고 대학 시절에 새에 관심이 깊었다는 이야기를 기억하고 있었던 모양이다.

그러나 이번에는 크릭이 그전처럼 적극적으로 나서질 않고 여러 날이 지나도록 TMV의 나선구조에 대해서는 애매한 대답밖에 하지 않았다. 따라서 내 사기도 자연히 저하될 수밖에 없었고, 나중에는 왜 단백질 단체는 나선형으로 배열돼야 하느냐는 극히 단순한 의문까지 갖게 되었다. 어느 날 저녁 식사 후 나는 심심풀이로 「금속의 구조」("The Structure of Metals")에 관한 패러디학회(Faraday Society)의 논문집을 읽었다. 그 속에는 결정의 성장 과정에 관한 이론물리학자 프랭크(F.C. Frank)의 독창적인 이론이 수록돼 있었다. 그가 계산해낸 결정의 성장 속도는 실제 관측치(觀側值)와는 항상 다르게 나왔는데, 결정은 보통 생각하는 것처럼 규칙적인 것이 아니고 전위(轉位)가 있어서 새 분자들이 용이하게 붙을 수 있는 새 자리가 언제나 마련되고 있다고 해석하면 이 모순은 해소된다고 했다.

며칠 후 옥스퍼드로 가는 버스에서 나는 TMV 입자도 하나의 작은 결정이며 다른 결정이나 마찬가지로 새 분자가 쉽게 붙을 수 있는 자리들이 항상 마련돼 성장해 가는 것이 아닐까 하는 생각이 들었다. 그리고 무엇보다 중요한 것은 이러한 자리를 만드는 가장 간단한 방법은 단체들이 나선상(螺旋狀)으로 배열되는 것이라는 점이었다. 이 착상은 지나치게 단순했기 때문에 오히려 진리가 틀림없다는 확신이 들었다. 그날 나는 옥스퍼드에서 나선형 계단을 볼 때마다 생물학적 구조도 나선적인 대칭성을 가지고 있는 게 분명하다는 확신을 굳혔다. 그런 뒤 일주일 동안은 근섬유(筋纖維)나 콜라겐 섬유의 전자 현미경 사진만 들여다보면서 나선구조에 대한 힌트가 없는지 찾아봤다. 그러나 크릭은 여전히 미지근했다. 나는 어떤 결정적인 계기가 생기지 않는 한 그를 다시 끌어들이기는 틀렸다고 생각했다.

그 무렵 학슬리가 TMV의 X선 사진을 찍기 위한 X선 카메라 조립법을 가르쳐주겠다고 나섰다. 나선임을 증명하기 위해서는 정향(定向)시킨 TMV 시료를 X선에 대해서 여러 각도로 기울여 찍기만 하면 되는 것이었다. 팬쿠켄은 물론 이런 일을 해보지 않았을 것이다. 전쟁 전까지는 아무도 나선을 중요시하지 않았으니까. 나는 곧 로이 마컴에게 가서 남아 있는 TMV가 있으면 좀 달라고 부탁했다. 마컴은 그 당시 몰티노연구소(Molteno Institute)에 있었는데 그곳은 케임브리지의 다른 곳과 달라 난방이 잘 되어 있었다. 이 파격적인 난방 시설은 그 연구소의 소장이자 별명이 '번갯불교수'(Quick Professor)였던 데이비드 킬린(David Keilin)의 천식(喘息) 덕택이었다. 나는 실온 20°의 이 방에 잠시라도 앉아 있는 것이 언제나 좋았다. 비록 마컴이 나를 보고 왜 안색이 좋지 않으냐, 아마 영국의 맥주를 마시고 자랐더라면 그렇게 추위에 떨지는 않았을 텐데 하고 동정해 주지 않을 것을 뻔히 알면서도 어쨌든 이 따뜻한 실온이 무척 좋아서 될 수 있는 한 오래 눌러앉아 있었다. 그날은 마컴은 퍽 동정적이었고 약간의 바이러스를 선뜻 제공해 주었다. 언제나 말로만 떠들던 크릭과 내가 진짜로 이제 실험에 손을 대는 것같이 보여서인지 무척 기쁜 표정이었다.

나의 첫 작품인 X선 사진은 처음부터 그럴 줄 알았지만 이미 발표된 것들보다 형편없이 조잡했다. 그런대로 쓸 만한 사진을 찍게 되기까지는 한 달도 더 걸렸다. 나선구조의 흔적이라도 찾아볼 만한 것이 되려면 아직도 전도요원(前途遼遠)했다. 그해 2월 중 유일하게 재미있었던 일은 제프리 로턴(Geoffrey Roughton)이 애덤즈 가에 있는 그의 본가에서 연 가장무도회뿐이었다. 그 파티에 크릭은 웬일인지 가지 않겠다고 말했다. 로턴이 아가씨들도 많이 올 테니 짝이 없는 아가씨를 하나 짝지어서 시라도 같이 읊게 해 주겠다는데도 한사코 가지 않았다. 오딜은 빠지고 싶어 하지 않아 나는 왕정복고 시대의 병사 의상을 한 벌 빌려 그녀와 함께 참석했다. 문을 열고 들어서서 홀을 들여다본 순간, 나는 황홀한 기대감에 가슴이 두근거렸다. 벌써 반쯤 취해 정신없이 춤을 추고 있는 북새통 속에서 나는 케임브리지에 와 있는 외국인 여학생들의 반 이상 와 있었던 것이다.

일주일 후에는 「열대의 밤」(Tropical Night Ball)이라는 이름의 무도회가 열렸다. 오딜은 무도회의 장식을 자기가 거들었으며 흑인이 주최자라는 이유를 들어 이번에도 참석하고 싶어 했다. 크릭은 이번에도 안 가겠다고 말했는데, 이번에는 그편이 현명했다. 사람들이 홀에 반도 안 찬 데다 술에 얼근히 취하더라도 남이 보는 앞에서 서툰 춤을 추는 건 유쾌한 일이 아니었다. 그보다 한 가지 마음에 걸렸던 것은 라이너스 폴링이 왕립학회(Royal Society)에서 계획 중인 단백질 구조 관련 회합 참석차 5월에 런던으로 온다는 소식이었다. 그가 이번에는 무엇을 해치울지 아무도 예상하지 못하고 있었다. 특히 나를 떨게 한 것은 그가 우리 연구소를 방문하고 싶다고 할지도 모른다는 생각이었다.

17

　그러나 폴링은 런던에 오지 못했다. 존 F. 케네디 국제공항에서 여권이 취소돼 결국 출국하지 못한 것이다. 미국 국무성으로서는 무신론적 공산주의의 팽창을 억제해 온 미국의 자본주의 정책을 폴링과 같은 말썽꾸러기가 온 세계를 누비며 비난하는 것을 좋아할 리 만무했다. 그를 붙잡아 놓지 않으면 런던 기자회견 때 평화공존이 어떻다는 등 또 한바탕 일장연설을 늘어놓을지도 모를 일이었다. 애치슨(Acheson, 1893~1972) 국무장관이 안 그래도 퍽 난처한 입장에 놓여 있었던 데다 매카시(McCarthy, 1908~1957) 의원 같은 이에게 미국 정부가 민주주의에 역행하는 급진주의자들을 미국 여권으로 보호하고 있다고 정부를 공격할 기회를 주어서는 곤란한 일이었다.

　이 불행한 소식이 왕립학회에 전해졌을 때 크릭과 나는 런던에 있었다. 우리는 이 소식을 듣고 귀를 의심했다. 차라리 폴링이 뉴욕으로 가는 도중 비행기에서 탈이 났다면 그럴듯하게 들렸을 것이다. 아무런 정치성도 없는 학회에 세계 일류 학자의 참석을 막는 것은 소련과 같은 나라에서나 있을 법한 일이었다. 소련 상류층이라면 보다 부유한 서방 세계로 곧장 망명이라도 했을 테지만 폴링은 망명할 염려도 없다. 폴링과 그 가족은 칼텍에서의 생활에 아주 만족하고 있었기 때문이다.

그러나 칼텍 당국자들 가운데는 폴링이 자리에서 물러났길 은근히 바라는 사람도 많았다. 그들은 신문에 난 세계평화회의의 후원자 명단에서 폴링의 이름을 볼 때마다 격노하며 펄쩍 뛰었다. 그러고는 남부 캘리포니아를 그의 간악한 마수로부터 구제할 방도가 없을지 궁리했다. 그러나 폴링은 국제 정세에 관한 지식이라고는《로스앤젤레스 타임지(Los Angeles Times)》에서 얻은 것이 고작인 이 캘리포니아 벼락부자들의 격노쯤은 전혀 개의치 않고 있었다.

우리가 일반 미생물학회의 「바이러스 증식의 본질」에 관한 회의에 참석하러 옥스퍼드에 갔을 때는 학자들의 학회 참석이라는 기이한 현상도 벌써 새로운 것은 아니었다. 이 회의에서 루리아도 강연할 예정이었는데, 그도 출발을 이주일 앞두고 여권 발급을 거부당한 것이다. 이때도 미 국무성은 그 이유를 밝히지 않았다.

루리아가 참석하지 못하면서 내가 미국 파지 연구 현황에 대한 강연을 떠맡게 되었다. 그 강연을 위해 별다른 준비는 하지 않았다. 그에 앞서 콜드 스프링 하버 연구소의 앨 허쉬(Al Hershey, 1908~1997, 1969년 노벨 생리학·의학상 수상)가 파지에 의한 박테리아 감염에서 가장 중요한 것은 바이러스의 DNA가 박테리아에 침입하는 것임을 입증한, 그와 마서 체이스(Martha Chase)의 공동 실험 결과를 상세히 편지로 써서 내게 알려온 것이다. 그 실험에서 중요한 발견은 바이러스 단백질은 박테리아 세포 안에 거의 들어가지 않는다는 점이었다. 이 실험이야말로 DNA가 일차적인 유전 물질임을 강력하게 뒷받침하는 것이었다.

그러나 약 400명의 미생물학자들 앞에서 허쉬의 실험 결과를 소개하자 그 내용에 흥미를 보인 사람은 거의 없었다. 예외라면 파리에서 잠깐 날아온 앙드레 르보프(Andre Lwoff, 1902~1994, 1965년 노벨 생리학·의학상 수상), 시모어 벤저(Seymour Benzer, 1921~2007), 그리고 군터 스텐트 세 사람 정도였다. 그들만은 허쉬의 실험적 가치를 이해했고, 앞으로는 누구나가 DNA에 중점을 두게 될 것이라고 내다보았다. 그러나 그 외 대다수 청중에게 허쉬의 이름은 기억에서 사라졌다. 게다가 머리를 길게 길렀는데도 내가 미국인임을 알게 된 청중들은 내 과학적 판단의 건전성 자체도 의심하는 것 같았다.

그 학회의 주도 인물은 영국의 식물 바이러스 학자 보든(F.C. Bawden)과 피리(N.W. Pirie) 두 사람이었다. 누구도 보든의 박식(博識)은 당해낼 수 없었고, 또 어떤 파지는 꼬리를 가지고 있다느니 TMV의 길이는 고정되어 있다느니 하는 주장을 극히 싫어하는 피리의 그 자신만만한 논조에 맞설 수 있는 사람도 없었다. 나는 슈람의 논문 이야기를 끄집어내 피리를 곤경에 몰아넣으려 했으나 그는 그따위 논문은 일고의 가치도 없다고 대꾸할 뿐이었다. 그래서 이번에는 국가에 대한 편견의 여지가 별로 없는, 대다수 TMV 입자의 길이가 3000Å이라는 사실이 생물학적으로 어떤 의의를 갖는지 질문을 던져 보았다. 그러나 자연계의 법칙은 단순하다는 나의 견해 따위는 그의 관심을 조금도 끌지 못

1952년 봄, 리비에라로 가던 중 파리에서의 저자

했다. 그는 어떤 일정한 구조를 갖기에는 바이러스는 너무 크다고 말할 뿐이었다.

르보프가 참석하지 않았더라면 그 회의는 대실패였을 것이다. 그는 파지의 증식에 있어 2가금속이온의 역할에 관심이 깊었기 때문에 핵산

구조에는 이온이 결정적으로 중요하다고 본 내 신념에 공감을 표시했다. 내가 특히 흥미를 느낀 것은 고분자의 정확한 복제(複製)나 상동염색체(相同染色體)끼리의 접근에는 특정 이온이 작용하리라는 그의 추측이었다. 그러나 로지가 고전적인 X선 회정법에만 집착하는 태도를 180도 전환시키지 않는 한 내 추측을 시험해 볼 도리는 없었다.

왕립학회의 회합에서는 지난 12월 초 크릭과 나와 대결한 뒤로 킹스대학에서 이온에 관해 논의해 본 것 같은 낌새는 전혀 느낄 수 없었다. 윌킨스에게서 겨우 들은 이야기이지만, 그의 실험실에 분자모형을 만드는 도구가 도착한 후로 그것을 만져본 사람은 아무도 없다는 것이었다. 로지와 고슬링에게 모형 조립을 재촉하기에는 시기상조(時期尙早)라고 했다. 윌킨스와 로지의 신경전은 그전보다 더 악화되고 있는 것 같았다. 요즈음 로지는 DNA는 나선이 아니라고까지 주장하고 있다는 것이었다. 만일 윌킨스가 나선모형을 조립해 보라고 명령이라도 한다면 그녀는 아마 모형을 만들 구리 철사를 가지고 윌킨스의 목을 칭칭 감겠다고 덤볐을지도 모른다.

윌킨스가 원자모형을 만드는 주형(鑄型)이 필요하냐고 묻자 우리는 폴리펩티드 사슬이 꼬여 있는 모양을 밝히기 위해 그 사슬 모형을 만들려면 탄소원자 모형이 더 필요했기 때문에 돌려달라고 대답했다. 윌킨스는 킹스 대학에서 일어나는 일 이외에는 개방적이었기 때문에 내게는 퍽 편리한 존재였다. 내가 TMV의 X선 연구에 열심인 것을 보고 그는 내가 다시 DNA에 쉽게 혹하지 않으리라고 안심했던 것 같다.

18

월킨스는 TMV가 나선형임을 입증하는 X선 사진을 내가 그리 쉽게 찍을 수 있으리라고는 상상도 하지 못했다. 내가 이 예기치 않은 성공을 거둘 수 있었던 건 그 무렵 캐번디시에 갓 설치된 강력한 회전 음극 X선관을 사용했기 때문이었다. 이 장치 덕분에 그전보다 20배나 더 빨리 사진을 찍을 수 있었고, 불과 일주일 안에 나의 TMV X선 사진은 두 배로 늘어났다.

그 무렵 캐번디시 연구소는 밤 10시면 문을 닫았다. 연구소 정문 바로 옆에 있는 단층집에 수위가 살고 있었지만 밤 10시 이후에 수위에게 문을 열어 달라고 하는 사람은 아무도 없었다. 일찍이 러더퍼드가 여름 밤에는 정구나 치는 것이 낫다면서 학생들이 밤에 실험하는 것을 말했던 것이 그대로 관습이 된 모양이었다. 그래서 그의 사후 15년이 지난 그때까지도 정문 열쇠는 하나밖에 없었고, 그마저도 휴 헉슬리가 독차지하고 있었다. 헉슬리는 자신의 실험 재료인 근섬유(筋殲維)가 살아있는 생물이니 물리학자들이 만든 규칙에는 따를 수 없다고 주장했다. 그는 내게 그 열쇠를 빌려주기도 했고 또 계단을 내려와 육중한 문을 열어주기도 했다.

한여름인 7월 어느 날 밤늦게 내가 X선관을 닫고 새 TMV 시료 사진을 현상하러 연구소에 갔을 때 헉슬리는 없었다. 시료는 25°만큼 기울여 두었기 때문에 운이 좋으면 나선을 나타내는 반사점을 볼 수 있을지도 몰랐다. 두근거리는 가슴을 안고 아직 채 마르지 않은 음화를 불빛에 비쳐본 순간 나는 감격에 몸을 떨었다. 거기에는 틀림없는 나선이 나타나고 있었다. 이제 내가 케임브리지에 오길 잘했다고 루리아와 델브뤽을 납득시킬 수 있게 됐다. 한밤중인데도 나는 하숙집에 돌아갈 생각도 하지 않고 행복감에 젖어 연구소 뒤뜰을 한 시간 이상 걸어 다녔다.

이튿날 아침 나는 나선이라는 판정을 확인받으려고 초조하게 크릭이 나타나기를 기다리고 있었다. 크릭이 불과 10초도 안 걸려 문제의 반사점을 확인해 주었을 때 아직도 내 마음속에 도사리고 있던 한 가닥의 의구심이 말끔히 가셨다. 나는 장난삼아 크릭을 놀려주고 싶어 이 X선 사진 자체는 별로 중요한 것이 아니며 그보다 더 중요한 것은 TMV에서도 일반 결정에서 보는 바와 같은 성장점이 있다고 본 내 통찰력 아니겠느냐라고 말했다. 이 경박한 말이 입에서 떨어지기가 무섭게 크릭은 그런 무비판적인 목적론은 위험하기 짝이 없는 것이라고 쏘아붙였다. 크릭은 언제나 그가 생각하는 바는 꾸밈없이 그대로 말하는 성품이었고, 나 역시 그러하리라고 그는 생각하고 있었다. 케임브리지에서는 누군가가 곧게 곧대로 듣겠지 하고 바라면서 엉뚱한 말을 해도 더러는 먹히는 경우도 있었지만, 크릭에게는 이런 수가 통하지 않았다. 제

아무리 중후한 케임브리지의 저녁이라도 크릭이 그의 독특한 직설적 화법으로 단 일이분만이라도 이국 여인들의 정담을 하면 그것으로 충분한 강장제가 되는 것이었다.

다음에 우리가 극복해야 할 일은 물론 뻔한 것이었다. TMV에서는 이 이상의 수확을 단시일 내에 더 거둘 수는 없을 것이다. TMV의 더 상세한 구조를 파헤치려면 내 기분만으로는 되지도 않을 더 전문적인 수단이 필요했다. 게다가 아무리 애를 써도 몇 년 안에 RNA 성분의 구조를 밝힐 수 있을 것 같지는 않았다. DNA로 가는 길은 TMV와는 방향이 다르다.

이제는 일찍이 오스트리아 태생의 생화학자 어윈 샤가프(Erwin Chargaff, 1905~2002)가 컬럼비아 대학에서 처음으로 발견한 DNA의 화학 조성의 기묘한 규칙성을 좀 심각하게 생각해 볼 때였다. 2차 대전 이래 샤가프와 그의 학생들이 각종 DNA 시료를 공들여 분석하면서 퓨린과 피리미딘의 상대 함량을 조사한 결과 그들이 사용한 모든 DNA 시료에서 아데닌(A) 분자의 수와 타이민(T) 분자의 수가 서로 비슷하고, 구아닌(G) 분자의 수는 사이토신(C) 분자의 수와 비슷하다는 사실이 밝혀졌다. 그리고 A와 T를 합한 양은 생물의 종류에 따라 다른 것도 밝혀졌다. 어떤 생물에서는 A+T의 양이 많은가 하면 다른 종류에서는 G+C의 양이 훨씬 많았던 것이다. 샤가프는 이 현상이 어떤 중요성을 지니고 있다고는 생각했지만, 그것을 설명하지는 못했다. 내가 크릭에게 이 이야기를 처음 했을 때 그는 통 관심을 나타내지 않았고 자기 할 일만

하고 있었다.

그러나 얼마 후 젊은 이론화학자 존 그리피스(John Griffith)와 이야기를 나누던 중에 이 규칙성의 의의가 그의 머리를 스쳤다. 그에 앞서 어느 저녁 천문학자 토미 골드(Tommy Gold)의 「완전한 우주론적 원리」라는 강연을 들은 뒤 맥주를 마실 때도 그랬다. 요원한 개념을 실감 나게 설명하는 골드의 말솜씨에 반한 크릭은 그 이론을 「완전한 생물학적 원리」로 전용할 수 없을지 궁리했다. 그리피스가 유전자의 복제이론(複製理論)에 관심이 있다는 것을 아는 그는 완전한 생물학적 원리란 유전자의 자기복제성(自己複製性), 즉 세포 분열 시 염색체의 수가 두 배로 되는데 그때 유전자가 정확하게 복제되는 능력이 아니겠느냐고 자신의 의견을 피력했다. 그러나 그리피스는 그 몇 달 동안 유전자의 복제는 상보적(相補的)인 표면이 교호(交互)로 만들어짐으로써 이루어진다고 해석하는 것이 더 타당하다고 생각했으므로 크릭의 견해에 동의하지 않았다.

그리피스의 이 생각은 새로운 것은 아니었다. 그것은 유전자의 복제에 관심이 깊은 이론파 유전학자들 사이에 근 30년간이나 떠돌고 있던 추측이었다. 이 복제론의 요점은 마치 자물쇠와 열쇠의 관계처럼 원래의 유전자 표면에서 상보적인 상(象)이 형성되고 이것이 주형이 되어 새로운 유전자가 합성된다는 것이다. 그러나 이 상보적 복제론에 반론을 편 유전학자들도 소수 있었다. 그중에서도 유명한 이는 멀러(H.J. Muller, 1890~1967, 1946년 노벨 생리학·의학상 수상)였다. 그는 몇 사람의 유명한 이론물리학자, 특히 파스쿠알 요르단(Pascual Jordan, 1902~1980) 등이 동일한 물체 사이에는 서로 잡아당기는 힘이 존재한다는 데 공감했다. 이 멀러 등의 유전자의 직접 복제론에 폴링은 크게 반대했다. 특히 그는 이 이론이 양자역학의 지지를 받고 있다는 말에는 질색했다. 그래서 전쟁 직전 폴링은 델브뤽(요르단의 논문을 폴링에게 소개한 사람이었다)에게 양자역학은 상보적 주형에 의한 유전자 복제 메커니즘을 오히려 뒷받침한다는 논문을 《사이언스》(Science)에 공동명의로 싣자고 제의한 적도 있었다.

그날 밤 크릭과 그리피스는 이 닳아빠진 가설(假說) 이야기를 한참 하다가 이 시점에서 중요한 문제는 유전자의 복제에서의 견인력(牽引力)이 무엇이냐 하는 것이라는 점에 합의했다. 이에 관해 크릭은 특정 소수 결합은 절대로 아닐 것이라고 강력히 주장했다. 그의 화학 전공 친구들은 퓨린과 피리미딘 염기(鹽基)의 소수원자들은 일정한 위치에 고정돼 있지 않고 여기저기 불규칙하게 이동하고 있다고 그에게 몇 번이나 말한 바 있었기에 크릭은 소수 결합이 정확한 특이성의 유지를 필요로 하는 유전자복제에서 견인력이 될 수는 없다고 생각했다. 대신 그는 DNA의 복제에는 염기들의 평면 사이에 존재하는 어떤 특이한 인력이 관여하고 있다고 생각하고 있었다.

크릭이 생각하고 있던 이 힘의 크기는 다행히도 그리피스가 계산해 낼 수 있는 성질의 것이었다. 만일 상보적 복제론(相補的 複製論)이 옳다면 계산의 결과는 구조가 서로 다른 염기 사이에 견인력이 있는 것으로 나타날 것이며, 반면에 직접 복제론이 옳다면 같은 염기 사이에 이 힘이 존재하는 것으로 나타날 것이다.

가게가 문을 닫을 시간이 되어 그들은 자리에서 일어서면서 그리피스가 그 계산을 실제로 해보기로 하였다. 며칠 후 캐번디시의 식당에서 차를 마시기 위하여 줄을 서 있는 데서 둘은 우연히 마주쳤다. 거기서 크릭은 그리피스로부터 상당히 정밀한 계산 결과 아데닌과 티민이 그 평면적인 표면에서 서로 달라붙을 수 있을 것 같고, 마찬가지로 구아닌과 사이토신이 서로 결부될 수 있을 것 같다는 말을 들었다.

이 대답에 크릭은 굶주린 이리처럼 달려들었다. 그의 기억이 정확했다면 이 염기쌍(鹽基雙)은 샤가프가 분석 결과 서로 동량이라고 발표한 염기쌍 바로 그것인 것이다. 흥분한 크릭은 그리피스에게 언젠가 내가 샤가프의 기이한 실험 결과에 대해 중얼중얼하더라는 말을 했다. 그러나 그때 그 염기쌍이 무엇과 무엇이었던가를 그는 잘 기억하고 있지 않았기 때문에 그걸 확인하여 그리피스에게 곧 알려주기로 하였다.

점심시간에 나는 샤가프의 실험 결과에 대한 크릭의 기억이 틀림없다는 것을 확인해 주었다. 그러나 그는 그리피스의 양자역학적 논증을 꼬치꼬치 캐물어 본 뒤로는 점점 열이 식어갔다. 그 이유 하나는 이쪽에서 자꾸 캐물어도 그리피스는 그의 논증을 별로 옹호하지 않는다는 것이었다. 짧은 시일 내에 계산하느라고 무시해 버린 변수도 너무나 많았다. 뿐만 아니라 각 염기는 두 개의 평면을 갖고 있는데도 그 한쪽만을 택해서 계산한 이유도 설명하지 않았다. 그리고 샤가프가 발견한 그

규칙성은 유전암호(遺傳暗號)에 기인하고 있다는 생각도 배제할 수 없었다. 어떤 특정 뉴클레오타이드가 몇 개 모여 어떤 방식으로 특정 아미노산을 규정하고 있음이 틀림없으니 아데닌의 양이 타이민의 양과 같다는 것은 뉴클레오타이드의 이 배열 순서를 결정하는 데 어떤 역할을 하고 있는지도 모르는 것이다. 반면에 로이 마컴 같은 사람은 샤가프가 구아닌의 양이 사이토신의 양과 같다고 말하고 있으나 자기는 분명히 그렇지 않다고 확신을 가지고 말할 수 있다고 했다. 마컴이 볼 때 샤가프의 실험 방법에 의하면 사이토신의 양은 아무래도 과소평가될 수밖에 없다는 것이다.

그래도 크릭이 그리피스의 논의를 머릿속에서 완전히 씻어버리지 않고 있던 7월 초 어느 날, 존 켄드루가 그 무렵 새롭게 옮긴 우리 연구실에 들어와 샤가프가 곧 케임브리지에 와서 하룻밤을 지낼 예정이라고 일러주었다. 그는 피터하우스에서 샤가프에게 저녁을 대접할 예정이라면서 식사 후 그의 방에서 한 잔 할 때 크릭과 나도 같이 오라고 하였다. 귀빈을 모신 자리에 우리가 합석했을 때 켄드루는 딱딱한 이야기는 피하고 있었으나 우리가 모형을 조립해 DNA의 구조를 해명하려고 하는 것 같다는 말을 잠깐 하였다. DNA에 관한 세계적 권위자의 한 사람인 샤가프는 그의 목표를 가로채려고 하는 이 복병의 출현을 처음에는 기분 좋게 생각하지 않았다. 그러나 켄드루가 나를 전형적인 미국인과는 좀 다른 사람이라고 말하면서 그를 안심시키자 그때부터 그는 나를 별것 아니구나 하고 생각하는 것 같았다. 그는 나를 보자 정말 바보

취급을 하는 것이었다. 그는 곧 내 머리와 억양을 흥보기 시작했다. 나는 시카고 태생이었으니까 시카고 식으로밖에 말할 도리가 없었다. 나는 머리를 기르는 것은 미 공군 직원으로 오해받지 않기 위한 것이라고 부드럽게 말했으나 이 변명은 내 마음의 동요를 내보이는 결과밖에 안 되었다.

우리에 대한 샤가프의 경멸은 4종의 염기 화학 구조의 차이를 크릭이 기억하지 못한다는 것을 알았을 때 절정에 달했다. 크릭은 그리피스의 계산 이야기를 하려다가 그만 창피를 당하고 만 것이다. 어느 염기가 아미노기를 가지고 있는지 기억하지 못해서 그는 그리피스의 양자역학적 고찰을 정성적(定性的)으로도 제대로 설명할 수 없게 되자 나중에는 할 수 없이 샤가프에게 구조식을 좀 써 달라고 부탁까지 하게 되었다. 크릭은 구조식이야 필요하면 아무 데서나 금방 찾아볼 수 있으니까 하면서 변명했지만 샤가프는 이 친구들은 무엇을 어떻게 해야 하는지도 모르고 있는 것이 아닌가하고 비웃고 있는 것 같았다.

샤가프 앞에서 추태를 보이긴 했어도 크릭으로서는 그의 머리를 분명히 해둘 필요가 있었다. 그래서 이튿날 오후 크릭은 염기쌍(鹽基雙)에 관한 계산 결과를 좀 명백히 하기 위해 그리피스의 연구실 문을 노크하였다. "네" 하는 대답을 듣고 문을 연 그는 그리피스가 어떤 아가씨와 앉아 있는 것을 보고 '아차. 지금은 과학 이야기를 할 때가 아니구나' 하고 꽁무니를 빼면서도 계산에서 얻은 염기쌍에 관해서 다시 좀 설명해 달라고 부탁하였다. 그리피스의 설명을 봉투 뒷면에 휘갈겨 쓴 그는 그곳을 도망치듯 나왔다. 마침 그날 아침 나는 대륙으로 여행을 떠났기 때문에 그는 그 길로 철학도서관에 가서 샤가프의 논문을 읽고 머릿속에 남아 있던 의문들을 해소했다. 이 양쪽 자료를 손에 꼭 쥔 그는 다음 날 다시 그리피스에게 가려고 했으나 다음 순간 그리피스의 관심은 지금 전혀 딴 곳에 가 있으리라는 데에 생각이 미쳤다. 어여쁜 아가씨가 있는데 과학의 장래 같은 것이 안중에 있을 리 없는 것이다.

19

　2주 후 나는 파리의 국제생화학회의에서 샤가프를 다시 만났다. 소르본 대학의 웅장한 리슐리외 홀(Salle Richeliau)의 뜰에서 나를 본 그는 입가에 살짝 냉소를 띠었을 뿐이었다. 그때 나는 막스 델브뤽을 찾고 있던 중이었다. 내가 코펜하겐에서 케임브리지로 떠나기 전에 그는 칼텍의 생물학과에 자리를 하나 마련해 주면서 1952년 9월부터 지급되는 소아마비재단(小兒痲痺財團)의 연구비를 주선해 주었다. 그러나 나는 지난 3월에 케임브리지에 1년 더 있고 싶다고 편지를 보냈는데, 그 편지를 받고 그는 곧 그 연구비를 캐번디시로 돌리도록 힘써 주기까지 한 것이다. 그는 폴링의 연구와 같은 구조연구의 생물학적 가치에 대해서는 일면으로는 인정하면서도 또 일면으로는 커다란 의문도 갖고 있었다. 그러한 델브뤽이었으므로 나의 연구 계획에 대해 그토록 흔쾌히 동의해 준 그를 나는 정말 고맙게 생각했다.

　TMV의 나선 사진을 찍는 데 성공한 나는 케임브리지에 있고 싶어 하는 나의 심정을 델브뤽도 십분 이해해 줄 것이라고 믿었다. 그러나 불과 몇 분 동안 그와 이야기해 본 나는 그의 견해가 근본적으로 전혀

1952년 7월, 로요몽에서 열린 학회

변하지 않았다는 것을 알았다. 내가 TMV의 구조에 대해서 이야기했을 때도 그는 아무 대꾸가 없었다. DNA의 구조를 모형을 써가면서 구명해 보려고 한다는 이야기를 대충 했을 때도 그는 여전히 무표정이었다. 다만 크릭의 머리가 비상하다는 이야기를 들었을 때 잠깐 관심을 나타냈을 뿐이었다. 그나마 내가 크릭의 사고방식은 폴링과 같다는 말을 했을 때 그의 표정은 다시 냉담해졌다. 델브뤽의 생각으로는 어떤 화학적 사고도 교묘한 유전학적 교배 법칙의 위력에 당할 수는 없었던 것이다. 그날 저녁 늦게 유전학자 보리스 에프루시(Boris Ephrussi, 1901~1979)가 내가 케임브리지에 홀딱 반했다고 했을 때 델브뤽은 듣기도 싫다는 듯이 양손을 번쩍 들었다. 이 학회의 큰 화제는 예기치 않았던 폴링의 출현이었다. 지난번 그의 여권을 취소했을 때 신문의 비난도 많았으므로 미 국무성은 이번에는 그의 여행을 허가한 것이었다. 주최측에서는 페루츠도 강연하도록 되어 있는 분과에 서둘러 그의 강연을 추가 배정했다. 폴링의 강연은 조그마한 게시로 간단히 공고되었을 뿐인데도 회장에는 입추의 여지없이 사람이 많이 모였다. 그러나 그의 강연은 이미 발표된 내용을 유머를 섞어 재탕한 것이었다. 그런데도 최근 그의 논문의 앞뒤를 모조리 알고 있는 우리 몇 사람을 빼고는 모든 청중이 다 만족한 표정이었다. 그의 강연에서는 별다른 재기의 발현도 없었고, 현재 그가 무엇을 생각하고 있는가에 대한 언급도 없었다. 그런데도 강연이 끝나자 그의 숭배자들이 벌떼처럼 그를 둘러쌌다. 나는 그 벌떼를 파헤치고 들어갈 용기가 없어 우물쭈물하는 사이에 그는 부인 아바 헬렌

(Ava Helen)과 함께 근처의 트리아농(Trianon)호텔로 사라져 버렸다.

그때 윌킨스도 씁쓸한 표정으로 서 있었다. 그는 브라질로 한 달 동안 생물 물리학 강의를 하러 가는 길에 들른 것이었다. 나는 그가 와 있는 것을 보고 적지 않게 놀랐다. 2000명이나 되는 한 떼의 평범한 생화학자들이 조명도 나쁜 바라크 같은 강연장을 들락날락하고 있는 속에 끼어 무엇을 배우겠다고 하는 것은 도대체가 그의 성품에 맞지 않는 일이었기 때문이다. 돌을 깐 보도를 걸으면서 그는 강연이 퍽 지루하던데 너는 어땠느냐 하고 고개도 들지 않고 나에게 물었다. 자크 모노(Jacques Monod, 1910~1976, 1965년 노벨 생리학·의학상 수상)와 졸 슈피겔만(Sol Spiegelman, 1914~1983)과 같은 몇 사람의 학자들은 정열적으로 강연을 했지만 대개는 시시한 강연들뿐이어서 더 있어 보아야 별로 기대할 것도 없다고 그는 생각하고 있었다.

나는 윌킨스의 기분을 돋워주려고 이 학회가 끝난 후 일주일 동안 로요몽(Royaumont)의 아베이(Abbaye)에서 열릴 파지학회에 가지 않겠느냐고 권유했다. 브라질로 가는 일정 때문에 하룻밤밖에 체류하지 못했지만 DNA에 관해 교묘한 생물학적 실험을 하고 있는 사람들을 만나는 것은 유익하리라고 생각하고 그는 기꺼이 승낙했다. 그러나 로요몽으로 가는 기차 안에서 그의 안색은 별로 좋지 않았다. 《런던 타임지》도 읽고 싶지 않고 파지연구자들의 소문을 내가 이야기하는 것도 듣고 싶지 않다는 그런 태도였다. 로요몽에 닿아서 그 당시 일부 복구된 시토(Citeaux)수도회의 수도원에 천장이 높은 방을 하나 얻어 잠자리를 마련한 다음, 나는 미국을 떠난 후 만나지 못했던 친구들과 이야기를 나누러 나갔다. 뒤에 윌킨스도 나를 찾아 나올 줄 알았는데 저녁 식사 때도 그는 나타나지 않았기 때문에 방으로 가보니 그는 엎드려 누워 있었고 내가 불을 켜도 일어나지 않았다. 파리에서 먹은 것이 소화가 안 된 모양이었으나 그는 내버려 두라고 말했다. 이튿날 아침 그는 호전됐으나 파리로 가는 첫차를 타기 위해 먼저 떠나는데 폐를 끼쳐 미안하다는 내용의 편지 한 장만 남기고 사라져 버렸다.

그날 아침 좀 늦게 나는 르보프로부터 폴링이 내일 잠깐 다녀간다는 말을 들었다. 나는 곧 어떻게 하면 점심시간에 그의 옆에 앉을 수 있을까 하고 방도를 생각하기 시작했다. 그러나 알고 보니 폴링의 방문 목적은 과학과는 전혀 무관한 것이었다. 파리 미국대사관의 과학담당관인 제프리스 와이먼(Jeffries Wyman)이 이곳의 13세기 건물의 정중한 매력을 그의 지인인 폴링 부처에게 구경시켜 주려고 짠 계획이었던 것이다. 그날 오전 회의의 휴식 시간에 나는 앙드레 리보프를 찾고 있는 와이먼의 귀족적인 여윈 얼굴을 보았다. 폴링은 이미 와 있었고 잠시 후 델브뤽과 이야기를 나눴다. 델브뤽은 나를 폴링에게 1년 후에는 칼텍에서 일하게 될 사람이라고 소개했다. 나는 폴링에게 패서디나(Pasadena)에서도 바이러스 X선 연구를 계속할 수 있을지 물었으나 DNA에 관해서는 별로 이야기할 기회가 없었다. 내가 킹스대학의 X선 사진 이야기를 꺼내니까 그는 자신의 연구실에서 현재 수행 중인 정밀한 아미노산 X선 분석 같은 것이 핵산 구조의 최종적 이해에도 큰 도움이 되지 않겠느냐고 하였다.

나는 폴링 부인 에바 헬렌과는 비교적 오래 이야기했다. 폴링 부인은 내가 케임브리지에 1년 더 머무른다는 것을 알고 그의 아들 피터(Peter) 이야기를 했다. 피터는 이미 브래그 경의 허가를 얻어 켄드루 밑에서 박사 학위를 따기 위하여 케임브리지에 올 예정이라는 것을 나는 벌써 알고 있었다. 그가 케임브리지에 오게 된 것은 칼텍에서의 그의 성적이 퍽 좋아서가 아니었다. 장기간 모노뉴클레오시스(mononucleosis)에 관한 연구를 해 오면서도 그의 성적은 뛰어나지 못했다. 다만 켄드루가 폴링의 청을 거절할 수 없었던 것이다. 켄드루는 또 피터의 여동생인 금발의 린다(Linda)가 피터를 찾아오면 멋있는 파티도 가끔 열어서 케임브리지에 생기를 돋우지 않을까 하고도 생각한 모양이었다. 그 당시 칼텍의 화학 전공 학생들은 누구 할 것 없이 린다와 결혼해 명성을 얻는 것이 꿈이었을 만큼 린다는 미인이었다. 피터 자신도 여자 관계가 상당히 복잡해 그에 관한 소문은 여자에 관한 것뿐이었다. 그러나 폴링 부인은 나에게 피터는 굉장히 좋은 아이이고 누구나 그를 좋아한다고 살짝 귀띔해 주었다. 나는 속으로 피터보다는 차라리 린다가 캐번디시 연구소에 공헌하는 바가 크겠지 하고 생각하면서 아무 말도 하지 않고 가만히 있었다. 그리고 폴링이 그의 부인에게 가자고 손짓을 했을 때 나는 피터가 오면 케임브리지 연구생으로서의 엄격한 생활에 적응하도록 도와주겠다고 약속했다.

학회 마지막 날에는 에드먼드 드 로스차일드(Edmond de Rothschild)

1952년 8월, 이탈리아 알프스 산에서 휴가를 즐기는 저자

남작 부인의 별장 상수시(Sans Souci)에서 가든파티가 있었다. 그런데 파티에 입고 갈 옷이 문제였다. 국제생화학회가 열리기 직전 나는 기차 안에서 자는 사이에 짐을 몽땅 도둑맞았다. 그래서 가지고 있는 것이라고는 도둑맞은 뒤 군대 PX에서 산 것들과 뒤에 이탈리아의 알프스에 가려고 준비했던 것뿐이었다. TMV에 관한 강연도 나는 반바지 차림으로 할 수밖에 없었는데, 그것을 본 프랑스인들은 내가 그 꼴로 상수시까지 따라오지 않을까 내심 떨고 있었을 것이다. 할 수 없이 나는 옷과 넥타이를 빌려 입고 겉으로는 제법 그럴싸하게 차리고 커다란 별장 앞에서 일행과 함께 차에서 내렸다.

졸 슈피겔만과 나는 차에서 내리자마자 곧장 연어요리와 샴페인

이 놓여 있는 곳으로 달려갔다. 그리고 잠시 후에는 세련된 귀족 사회의 진가를 만끽하고 있었다. 파티가 끝나서 돌아가기 직전에 나는 할스(Hals, 1580?~1666, 네덜란드의 화가)와 루벤스(Rubens, 1577~1640, 네덜란드의 화가)의 그림들이 많이 걸려 있는 널따란 응접실에 들어가 보았다. 마침 남작 부인이 여러 사람 앞에서 이렇듯 저명한 신사 숙녀를 모시게 되어 무한의 영광으로 생각하지만 케임브리지에서 온 미치광이 영국인이 안 와서 파티 분위기가 좀 쓸쓸해진 것이 유감이라고 말하고 있었다. 그 말을 들은 순간 나는 누구 말인가 하고 잠시 어리둥절했으나 곧 르보프가 남작 부인에게 거지 같은 옷을 입은 괴상한 손님이 올지 모른다고 사전에 용의주도하게도 귀띔해 두었구나 하고 알아차렸다. 이 귀족 부인을 만난 인상은 지금도 생생하다. 내가 아마 다른 사람들과 똑같은 행동을 했다면 두 번 다시는 초청받지 못했을 것이다.

20

크릭은 내가 여름휴가가 끝나도 DNA에 전념하는 기색을 보이지 않는 데에 적잖이 실망한 눈치였다. 그때 나는 성(性) 문제에 정신이 팔려 있었다. 성 문제라고는 하지만 크릭의 도움을 필요로 하지 않는 박테리아의 성에 관한 것이었다. 박테리아의 성생활이라면 색다른 화제인 것은 틀림없다. 크릭이나 오딜의 친구들 사이에는 박테리아도 성생활을 한다는 것을 알고 있는 사람은 하나도 없을 것이다. 박테리아가 어떻게 성생활을 하는가 하는 문제를 다루고 있는 것은 이류 과학자들뿐이었다. 박테리아에 암수가 있다는 소문은 로요몽에서도 떠돌고 있었다. 그러나 내가 이것을 확실히 들은 것은 9월 초에 팔란자(Pallanza)에서 열린 미생물유전학의 조그마한 학회에 참석했을 때였다. 거기서 카발리-스포르차(Cavalli-Sforza)와 빌 헤이스(Bill Hayes), 죠슈아 리더버그(Joshua Lederberg, 1925~2008, 1950년 노벨 생리학·의학상 수강)가 함께 한 실험에서 박테리아에 암수 두 성(性)이 있음을 밝혀냈다고 발표한 것이다.

3일간의 회기 중 헤이스의 존재는 사람들의 눈에 띄지 않았다. 그가 발표할 때까지 그의 존재를 안 사람은 카발리-스포르차뿐이었다.

그러나 헤이스가 겸손한 태도로 발표를 마치자 청중들은 모두가 또다시 리더버그의 연구실에서 폭탄이 작렬했구나 하고 경탄을 금치 못했다. 리더버그는 1946년 약관 20세의 나이로 박테리아에 교배와 유전학적 재조합현상(再組合現象)이 있음을 발표해 당시 생물학계에 일대 선풍을 일으켰다. 그 후로도 그는 계속 수많은 참신한 연구 성과를 거두고 있어서 카발리-스포르차를 제외하고는 아무도 그 방면의 연구에서 그와 겨룰 엄두를 내지 못했다. 그가 서너 시간을 쉬지도 않고 라블레(Rabelais, 1491?~1553, 프랑스의 풍자작가)류의 풍자와 해학 섞인 강연을 해낸다는 이야기만 듣고도 사람들은 그를 '가공할 신동'(enfant terrible)이라고 혀를 내둘렀다. 게다가 그의 재능은 갈수록 팽창하여 나중에는 전 우주를 가득 채울 것 같았다.

리더버그의 전설적인 두뇌에도 불구하고 박테리아 유전학은 해가 갈수록 점점 혼란을 더해가기만 했고, 최근 그의 논문 구석구석에서 볼 수 있는, 마치 유태인의 율법 같은 복잡성을 희희낙락(喜喜樂樂)하며 즐기고 있는 것은 리더버그 본인뿐이었다. 나도 그 논문을 애써 읽어 보려고 한 적이 가끔 있었으나 매번 중도에 막혀 나중에 다시 읽어 봐야지 하는 생각으로 팽개치기가 일쑤였다. 그러나 그렇게 비상한 머리를 갖지 않고도 두 성의 발견은 머지않아 박테리아의 유전 분석에 박차를 가하리라는 것은 쉽게 이해할 수 있었다. 그러나 카발리-스포르차와 이야기해 보니 리더버그는 아직은 문제를 그렇게 단순하게 생각하고 있지 않다는 것을 알게 됐다. 그는 고전유전학의 원리대로 암수 두 세포의 유전물질이 같은 양씩 혼합되어 새 개체가 형성된다고 생각하는 모양이었다. 물론 이런 경우에는 그 결과의 분석은 엄청나게 복잡하다. 반면 헤이스는 박테리아의 접합에서는 웅성염색체물질(雄性染色體物質)의 일부만이 자성(雌性)세포 안으로 들어가는 것이라고 가정하고 있었다. 이렇게 생각하면 문제는 굉장히 간단해지는 것이다.

케임브리지에 돌아간 길로 나는 도서관으로 직행하여 리더버그의 최근 논문들이 실려 있는 잡지들을 뒤져 다시 읽어 보았다. 종전까지는 애매하기만 했던 유전학적 교배도 헤이스의 사고방식에 따르면 곧장 이해할 수 있게 되어 나는 용기를 얻었다. 몇몇 교배 실험 결과는 아직도 설명이 불가능했지만, 대부분의 자료를 종합한 결과 어떤 결론을 얻을 수 있을 것 같았다. 특히 내가 즐거웠던 것은 리더버그가 그토록 고전적인 사고방식에 얽매어 있는 동안에 내가 그의 실험 결과들을 정확하게 설명함으로써 그를 타도(打倒)하는 위업을 성취할 수 있을지도 모른다고 생각한 것이었다.

리더버그의 실험 결과를 말끔히 정리해 보려는 나의 의욕에 대해 크릭은 퍽 냉담하였다. 박테리아에 암수 두 가지 성이 있다는 데에는 그도 흥미를 느꼈으나 단지 그것뿐이었다. 그해 여름 내내 그는 학위 논문을 쓰기 위해 현학적(衒學的)인 자료 수집을 했기 때문에 이제는 좀 큼직한 문제를 생각해 보고 싶은 기분이었던 것이다. 박테리아 염색체가 몇 개인가 따위의 시시한 문제를 아무리 생각해 보아야 DNA 구조의 해명에는 아무 쓸모도 없다는 투였다. 내가 DNA 문헌에 관심을 기울이고 있는 한은 점심때나 티타임 대화에서 무엇인가가 튀어나올 기회는 항상 있었지만, 이제 내가 순수생물학으로 되돌아가 버리면 우리가 폴링보다 한발 먼저 출발했다는 이득도 물거품처럼 사라져 버릴 터였다.

그때까지도 크릭의 마음속에서는 샤가프가 발견한 규칙성이 분명히 무슨 열쇠가 될 것이라는 생각이 떠나지 않고 있었다. 그래서 내가 알프스에 가 있는 동안, 그는 수용액(水溶液) 안에서 아데닌과 타이민 사이 그리고 구아닌과 사이토신 사이에 분명히 견인력(牽引力)이 있다는 것을 증명해 보려고 일주일 동안 실험을 했다. 그러나 결과는 헛수고였다. 게다가 어찌 된 일인지 크릭과 그리피스의 대화는 언제나 서먹서먹했다. 그들의 이야기는 어딘가 이가 잘 맞지 않았고 그리피스가 신이 나서 설명하고 있는 설을 어쩌다가 크릭이 가치 없다고 튕겨주고 나면 피차간 거북해져서 한동안씩 안 만나기도 하는 것이었다. 그러나 크릭이 윌킨스에게 아데닌은 타이민을, 그리고 구아닌은 사이토신을 잡아끄는 것 같다는 말을 하지 않고 있었던 것은 이런 관계 때문은 아니었다. 10월 하순이 되어 크릭은 런던에 갈 일이 생겨 윌킨스에게 킹스대학에 잠깐 들러보고 싶다고 편지를 보냈다. 윌킨스는 환영한다고 하면서 점심에 초대하겠다는 답장을 곧 보내왔다. 크릭은 이 답장을 받고 DNA에 관해 실질적인 토의를 할 수 있겠다고 기대했다.

그런데 그는 DNA에 관해서는 이제 별로 흥미가 없다는 듯이 윌킨

스에게 보이기 위해 약은 꾀를 써서 단백질 이야기부터 시작한 것이 잘
못이었다. 소용없는 단백질 이야기에 식사 시간의 절반이나 허비하고
나니 이번에는 윌킨스가 로지의 이야기로 말머리를 돌려 그녀의 협조
정신의 결여를 재차 말했다. 그 이야기를 듣다 보니 어느덧 식사도 끝
나버렸고, 크릭은 다른 약속 때문에 자리를 뜨지 않을 수 없게 되었다.
황급히 식당을 뛰쳐나와 거리에 나섰을 때야 비로소 크릭은 그리피스
의 계산 결과와 샤가프의 실험 결과가 일치한다는 말을 하지 않았다는
것을 깨달았다. 그러나 방금 작별을 하고 나왔는데 그 말을 하러 다시
들어가는 것도 무안하고 해서 그만두고 그날 밤 케임브리지로 돌아와
버렸다. 이튿날 아침 그는 나에게 이 이야기를 하고 나서 DNA 구조를
향한 제2회전에 나의 투지를 불러일으키려고 애썼다.

그러나 나로서는 해보아야 안 될 것이 뻔한 일을 재차 한다는 것은
정말 무의미했다. 지난 겨울에 맛본 패배의 쓴맛을 일소해 버릴 만한
새로운 사실이라고는 우리 손에 하나도 없었다. 크리스마스 때까지 우
리가 얻을 수 있을 만한 결과라면 DNA를 가지고 있는 바이러스인 T파
지의 2가금속(2價金屬)의 함량(含量) 정도였다. 만일 그 함량이 많으면 그
것은 DNA에 Mg^{++}이 결합되고 있음을 시사(示唆)하는 것이었다. 그런
증거만 나타나면 킹스대학 쪽에 그들의 DNA 시료도 분석해 보라고 큰
소리칠 수 있다. 그러나 이런 결과가 확실히 나온다는 전망은 그다지
밝지 못했다. 첫째로는 몰뢰의 동료인 닐스 예르네(Nils Jerne)에게 부탁
하여 파지를 코펜하겐에서 보내 달라고 해야 하고 그다음 나는 2가 금

속과 DNA의 함량을 정확히 측정할 준비를 해야 한다. 마지막으로는 로지가 또 움직여야 하는데 사실상 그럴 것 같지 않았다.

다행히 폴링은 당장은 DNA 전선(戰線)에서의 위협이 아닌 것 같았다. 영국에 온 피터 폴링에게서 살짝 들은 바에 의하면 그의 아버지는 지금 머리털 단백질의 케라틴(keratin) α나선이 형성하고 있는 초나선 (超螺旋) 구조에 여념이 없다는 것이었다. 그러나 이 소식은 크릭에게는 탐탁한 소식이 아니었다. 그도 근 1년 동안을 α나선 그 자체가 다시 꼬여 초나선을 이루고 있을 것 같다는 생각에 사로잡혀 있었다. 그리고 그 추리(推理)가 수식으로 굳어지지 않아서 걱정이었던 것이다. 왜 그런지 캐물어 본즉 자신의 이론에 모호한 점이 없지 않다고 그는 자인했다. 그러나 폴링도 아직은 그보다 더 신통한 해결법을 가진 것 같지 않고, 따라서 초나선에 관한 명예를 그가 독점할 가능성은 여전히 있다는 것을 크릭도 알게 되었다.

크릭은 학위 논문 실험도 중단하고 초나선 방정식에 배전(倍前)의 노력을 경주했다. 그 결과 주말에 크릭을 보러 케임브리지에 온 크라이젤의 도움도 있고 해서, 이번에는 정확한 방정식을 얻는 데 성공했다. 그는 곧 이것을 《네이처》에 발표하기 위해 서둘러 논문을 써 브래그 경에게 주면서 급히 게재(揭載)해 달라는 메모를 덧붙여 편집인에게 보내 달라고 부탁하였다. 영국인의 논문으로서 보통 수준 이상의 내용이라고 하면 《네이처》의 편집위원회에서는 거의 즉각적으로 게재해 주는 것이었다. 운이 좋으면 이 논문은 폴링의 것보다 앞서지는 못하더라도 최소

146

한 동시에는 발표될 것으로 보였다.

이래서 크릭도 천재적 소질을 지니고 있다는 인식이 케임브리지 안 팎에서 점점 퍼져 나갔다. 그래도 크릭을 아직도 웃고 떠드는 기계로밖에 보지 않는 반대파가 조금은 있었으나, 어쨌든 그는 문제를 종점까지 끌고 간 것이다. 크릭의 이 능력이 인정받아 그는 초가을에 데이비드 하커(David Harker)로부터 브루클린(Brooklyn)에 와서 1년간 일을 같이 해보지 않겠느냐는 제의를 받았다. 그 당시 하커는 리보뉴클레아제(ribonuclease)라는 효소(酵素)의 구조를 해명하기 위하여 100만 달러의 연구비를 확보해 놓고 인재를 찾고 있었다. 오딜은 1년에 6000달러라는 액수가 엄청나다고 생각했지만, 크릭은 예상했던 대로 기분이 착잡했다. 브루클린에 관한 웃음거리가 그토록 많은 데는 필시 무슨 이유가 있을 것이다. 그러나 아직 한 번도 미국에 가보지는 않았으므로 브루클린에라도 일단 가보면 좀 더 나은 곳으로 갈 징검다리로 삼을 수 있을지도 모른다. 뿐만 아니라 그 당시 켄드루와 페루츠가 브래그 경에게 크릭이 학위 논문을 제출한 후에도 3년간 연구소에서 더 일하게 해 달라는 요청서를 보냈는데, 크릭이 1년간 해외에 나간다고 하면 브래그 경도 이 요청을 호의적으로 받아들이지 않을까 하는 생각도 들었다. 이런저런 생각 끝에 크릭은 하커의 제의를 일단 받아들이는 것이 좋겠다고 판단하고 10월 중순에 하커에게 편지를 보내 내년 가을에 가겠다고 말했다.

가을은 점점 깊어 갔고, 나는 박테리아 교배 문제에 여전히 매혹되어 해머스미스(Hammersmith)병원 연구실에 있는 빌 헤이스와 의논하러 런던에 자주 나갔다. 그리고 케임브리지에 돌아가는 길에 윌킨스를 붙들어 저녁이라도 같이 먹게 되면 DNA를 문득 상기하기도 하는 것이었다. 그러나 윌킨스는 오후에는 연구실을 비우는 일이 잦았다. 주위에서는 아마 애인이라도 생긴 것이겠지 하고 말하고 있었으나 알고 보니 그런 것이 아니고 그는 펜싱을 배우러 체육관에 다니고 있었다.

월킨스와 로지는 여전히 교착상태(膠着狀態)였다. 브라질에서 돌아와 보니 로지가 그와 같이 일할 수 없다는 생각이 좀 더 강해진 것을 그는 분명히 느낀 것이다. 그래서 그는 그때 울적한 기분을 풀기 위해 염색체의 무게를 다는 방법이 없을까 하고 간섭현미경(干涉顯微鏡)을 만지고 있었다. 로지를 그만두게 하는 방안을 강구해 달라고 그의 주임인 랜들에게 벌써 부탁해 놓았으나 잘해야 1년 후에나 다른 직장으로 내보낼 수 있을 형편이었다. 그렇다고 언제나 입가에 불쾌한 웃음을 띠고 있다는 이유만으로 당장 내쫓을 수야 없는 문제였다. 게다가 얄밉게도 그녀의 X선 사진은 점점 더 잘 되어가는 것이다. 그래도 그녀가 나선 구조에 관심을 갖는 기색은 통 보이지 않았다. 뿐만 아니라 그녀는 당-인산 뼈대는 DNA 분자 바깥쪽에 있다고 생각하고 있었다. 실험적 결과들로부터 차단되어 있는 한 크릭과 나로서는 이 생각에 과학적 근거가 있는지 없는지 알 도리가 없었다. 그래서 나는 성문제나 열심히 생각하고 있었다.

21

그 당시 나는 클레어(Clare)대학에서 살고 있었다. 내가 캐번디시에 도착한 직후 페루츠가 나를 클레어대학에 연구생으로 등록시켜 주었다. 또 다른 박사 학위를 따려던 것은 아니고 대학 기숙사를 이용할 수 있을 것 같아서였다. 그 대학은 케임브리지에서 가까웠을 뿐만 아니라 멋있는 정원이 있었고, 또 나중에 안 일이지만 미국인에게는 특히 친절한 곳이었다.

클레어대학으로 결정되기 전에 나는 하마터면 지저스(Jesus)대학에 들어갈 뻔했다. 페루츠와 켄드루가 트리니티대학이나 케임브리지의 킹스대학과 같은 유명하고 부유한 큰 대학보다는 연구생 수가 적은 작은 대학에 들어가는 것이 방을 얻기 수월하리라는 생각에 서둘러 결정한 것이었다. 그래서 페루츠는 지저스 대학의 물리학자 데니스 윌킨슨(Denise Wilkinson)에게 나를 받아들일 수 없겠느냐고 물었다.

이튿날 윌킨슨이 와서 지저스대학에서 받아들일 테니 입학 수속을 밟으라고 전하고 갔다.

그러나 나는 그 대학의 학감과 이야기하는 동안 다른 대학을 물색

해 보고 싶어졌다. 그 대학에 연구생이 적은 것은 기숙사 옆에 더럽기로 유명한 강물과 무관한 것 같지 같았다. 그런 곳을 좋아서 찾아올 연구생이 있을 리 없는 것이다. 지저스대학에 적을 둬 봤자 남는 것은 박사 과정 등록금 고지서뿐인데, 굳이 박사 학위를 더 딸 필요도 없었다. 그러나 클레어대학의 학감인 고전학자 닉 해먼드(Nick Hammond)는 외국인 연구생들에게 훨씬 많은 기대를 안겨주는 것 같았다. 그래서 케임브리지에 간 지 1년 만에 그곳으로 숙소를 옮겼다. 또 그곳에 가면 여러 미국인 연구생들도 만날 수 있을 것 같았다.

테니스코트 가(街)에 있는 캔드루의 집에서 케임브리지에서의 첫 1년을 지내는 동안 나는 영국의 대학 생활을 거의 접해 보지 못했다. 입학 수속을 마친 후 몇 번 기숙사 식당에 가보았지만 끼니마다 판에 박은 듯한 거무스름한 국물과 질기기만 한 고기와 고리타분한 푸딩을 목구멍에 넘기는, 불과 10~12분 사이에 누구를 만날 수 있을 것 같지도 않았다. 2년째에 들어서 클레어대학 기념회관의 R계단이 있는 방으로 옮긴 후로도 나는 그 식당에는 가지 않았다. '변덕집'(Whim)이라는 식당에서는 아무리 늦게 가도 아침밥을 먹을 수 있었고, 3실링 6펜스만 주면 빵떡모자를 쓴 트리니티 학생들이 《텔레그래프》(The Telegraph)나 《뉴스 크로니클》(News chronicle)을 넘기고 있는 가운데 따뜻한 난롯불 곁에 앉아 《더 타임스》를 읽을 수도 있었다. 저녁밥을 사 먹을 만한 마땅한 곳은 마을에서 찾기 힘들었다. 아츠(Arts)호텔이나 배스(Bath)호텔 같은 데서는 특별한 일이 있어야 식사를 했고, 오딜이나 엘리자베스 켄드루 부인이 초청하지 않는 날은 대개 인도인이나 키프로스(Cyprus)인이 운영하는 식당에 가서 독이라도 들어 있을 것 같은 음식을 사 먹었다.

그러다 보니 내 위장도 한계에 다다라서 11월 초부터는 거의 매일 밤 심한 복통을 시달리기 시작했다. 켄드루 부인은 괜찮을 거라고 하였으나 소다와 우유를 번갈아 먹어도 낫지 않아 얼어붙은 트리니티 거리로 나가 한 외과의원을 찾았다. 벽에 걸린 노 젓는 배 그림을 보면서 한참 기다린 후 식후에 먹으라는 흰 물약 처방을 겨우 받고 나왔다. 2주가 지나도 복통이 가라앉지 않아 빈 약병을 들고 다시 그 의사를 찾아가는 길에 위궤양이 아닌가 걱정했지만, 외국인 특유의 소화불량이니 아무 문제도 없다는 무뚝뚝한 말만 듣고 또 한 병의 물약 처방을 받고 나올 수밖에 없었다. 거리로 나온 나는 오딜과 잡담이라도 하고 있으면 배 아픈 것도 나을지 모르겠다는 생각에 새로 산 크릭의 집으로 갔다. 그들은 그린 도어에서 나와 부근의 포르투갈 플레이스(Portugal Place)에 있는 비교적 큰 집으로 이사한 참이었다. 너저분한 벽지도 새것으로 깨끗이 바뀌었고, 오딜은 욕실이 딸려있는 이 큰 집에 어울릴 커튼을 만드는 데 한창이었다. 데운 우유 한 잔을 얻어 마신 다음 우리는 피터 폴링이 켄드루의 집에 있는 젊은 덴마크 아가씨 니나(Nina)에게 잔뜩 눈독을 들이고 있다는 둥, 또 스크룹 테라스(Scroope Terrace) 8번지에 있는 카밀 '팝' 프라이어(Camille "Pop" Prior) 미망인의 고급 하숙집과 인연을 좀 맺으려면 어떻게 하면 될까 등의 이야기를 하면서 시간을

152

A Hypothetical Scheme of the interrelationship between the Nucleic Acids and Proteins

Consequences of Scheme

1. RNA synthesis and DNA synthesis should not occur at the same time. Protein synthesis and DNA synthesis will occur simultaneously.

2. Nuclear RNA synthesis will occur only in dividing cells.

3. The total Mg⁺ concentration will increase toward metaphase and decrease during interphase

4. The content of nucleolar RNA may possibly remain constant during interphase. Synthesis of nucleolar RNA occurs in the chromosomes during prophase-metaphase

DNA-RNA-단백질의 상호관계에 대한 초기의 구상

보냈다. 그 하숙집의 식사도 기숙사와 별다를 게 없겠지만 영어를 배우러 케임브리지에 와 있는 프랑스 아가씨들이 많으니 맛없는 식사 따위는 문제가 아니었다. 그렇다고 밑도 끝도 없이 저녁 식탁에 나도 좀 앉혀 달라고는 할 수 없었다. 그래서 그 집에 드나들 핑계로 오딜과 크릭이 생각해 낸 묘안이 그 미망인에게 프랑스어를 배운다는 것이었다. 이미 고인이 된 팝 여사의 남편은 전쟁 전에 프랑스어 교수였다. 프랑스어라도 배우면서 그녀의 눈에 들면 백포도주 파티에도 더러는 초대받을 수 있을 것이고 그러면 프랑스 아가씨들과도 어울릴 수 있지 않겠느냐는 것이었다. 그래서 오딜이 그녀에게 전화로 물어보기로 하고, 나는 그 집을 나와 자전거를 몰아 숙소로 돌아왔다. 오는 도중 나는 만일 일이 그렇게만 되면 이 배탈도 금방 나을 것이 틀림없다고 생각했다.

숙소에 돌아온 나는 곧 석탄불을 피웠으나 입김이 허옇게 서릴 정도로 방이 추워 잠자리에 들 수 없었다. 손발이 꽁꽁 얼어 글도 제대로 쓸 수가 없을 지경이어서 나는 난로 곁에 바싹 붙어 쭈그리고 앉아 어떻게 하면 몇 가닥의 DNA 사슬을 완벽하고 과학적으로 빈틈없는 나선으로 꼬아 올릴 수 있을지 백일몽 같은 생각을 하고 있었다. 그러다가 분자 수준의 생각은 집어치우고 그보다 훨씬 쉬운 생화학 논문을 읽기 시작했다. 그 논문은 DNA, RNA 및 단백질합성의 상호관계에 관한 것이었다.

그 당시까지 거의 모든 실험 결과들을 종합해 본 나는 DNA는 RNA를 합성하는 주형(鑄型)이라고 믿게 되었다. 그리고 RNA는 단백질 합성의 주형이 아닌가 하고 생각했다. 성게를 실험 재료로 하여 DNA가 RNA로 전환되는 것 같다고 보고한 애매한 논문도 있기는 했지만, 나는 일단 합성된 DNA는 대단히 안정적이라는 실험 결과를 더 신뢰했다. 그래야만 유전자는 불멸(不滅)이라는 생각에 부합할 수 있을 것 같아서였다. 나는 종이에 'DNA→RNA→단백질'이라고 써서 책상 앞의 벽에 붙여 놓았다. 화살은 물론 화학적 전환을 의미하는 것이 아니고 유전 정보가 DNA 분자 안의 뉴클레오타이드의 배열 순서에서 단백질의 아미노산 배열 순서로 전달된다는 것을 의미한다.

나는 핵산과 단백질 합성의 상호관계를 대충 이해했다는 만족감으로 잠들었으나, 아침에 얼음같이 찬 침대 속에서 옷을 입으면서 어젯밤 벽에 붙인 표어를 보고 그런 걸 벽에 붙인다고 DNA 구조가 해결되는 것은 아니라는 엄숙한 사실을 깨닫고 말았다. DNA 구조의 해결 없이는 크릭이나 나나 생물학에서 복잡성의 의의를 도저히 이해할 수 없다고 근처 술집에서 만나는 생화학자들과 함께 한탄이나 하고 있을 수밖에는 없는 것이다. 또 크릭이 초나선 연구를 그만두고 나도 박테리아 유전 연구를 그만두고 DNA 문제를 다시 시작한다 하더라도 우리 입장은 1년 전이나 지금이나 다르지 않았다. 이즈음에는 점심 시간에도 DNA에 관한 이야기는 나오지 않는 때가 많았고, 고작해야 식사 후 뒤뜰을 산책할 때 유전자 이야기가 잠시 나오는 것이 보통이었다.

때로는 이런 산책 도중에 마음이 내켜 연구실에 들어가 모형을 만지작거리기도 했으나 그럴 때마다 곧 크릭이 잠시나마 우리에게 기대를 안겨 준 그 추리가 엉터리였다는 것을 알아내 모형 장난도 중단돼 버리곤 했다. 그러면 그는 곧 그의 학위 논문 내용인 헤모글로빈 X선 사진으로 되돌아가 버렸다. 몇 번쯤은 나 혼자서도 해 보았지만, 크릭이 곁에서 입으로 떠들어 주지 않으면 사물을 3차원으로 생각하지 못하는 내 무능이 30분이나 한 시간만에 노출되고 말았다.

나는 당시 켄드루의 문하생으로 들어와 있던 피터 폴링과 같은 실험실을 쓰고 있었다. 연구에 지치면 그와 나는 매력적인 여성이 영국이 많다느니 캘리포니아가 제일이라느니 하며 열을 올리기도 했다. 12월 중순의 어느 날 오후, 피터는 점심 식사 후 한 장의 편지를 받아 들고 실험실에 들어와서는 책상 위에 두 다리를 얹고 입가에 야릇한 웃음을 띤 채 우리를 바라보았다. 그의 손에 든 편지는 미국에서 그의 아버지 라이너스 폴링이 보낸 것이었다. 그 편지에는 가족들의 이야기 끝에 우리가 그토록 두려워하고 있던 소식, 즉 DNA의 구조를 그의 아버지가 밝혔다는 말이 적혀 있었다. 상세한 내용은 적혀 있지 않았지만, 크릭과 나는 그 편지를 번갈아 읽어 보면서 속에서 울화통이 치밀어오르는 것을 억제할 길이 없었다. 잠시 후 크릭은 방 안을 왔다갔다하며 혼자 중얼거리고 있었다. 자기도 분발하면 폴링이 한 연구 정도는 못할 것도 없다는 듯한 표정이었다. 아직은 폴링이 그 일을 공식적으로 발표하지 않고 있었으니 우리도 빨리 서둘러 그와 동시에라도 발표하게 되면 대등한 명성을 얻을 터였다.

명성에 대한 욕심은 이렇듯 간절했지만 아무런 묘안도 떠오르지 않아 우리는 2층으로 차를 마시러 올라가서 페루츠와 켄드루에게 그 편지 이야기를 전했다. 브래그 경도 잠깐 들어왔었는데, 좌중의 그 누구도 그에게 영국의 연구실이 또다시 미국인에게 선수를 뺏길 것 같다는 말을 농담으로도 할 수가 없었다. 우리가 쓰디쓴 기분으로 초콜릿 비스킷을 씹고 있을 때 켄드루는 폴링이 꼭 옳다고는 아직 말할 수 없지 않느냐면서 우리를 위로하려고 애썼다. 하긴 폴링은 아직도 윌킨스와 로지의 X선 사진을 본 적이 없었다. 그러나 우리의 심정은 여전히 울적하기만 했다.

22

　그 뒤로는 크리스마스 때까지 패서디나로부터 아무 소식도 들리지 않았다. 그래서 우리 기분도 조금씩 풀려갔다. 폴링이 정말로 DNA 구조를 해명했다면 그렇게 오랫동안 비밀이 새지 않고 있을 리가 만무했다. 그 연구실의 대학원생 가운데 누군가는 폴링의 구조를 보았을 것이고, 그 구조가 정말 생물학적 의미가 있는 것이라면 소문이 우리에게까지 오지 않을 리 없었다. 또 설령 그가 목표에 가까워지고 있다 하더라도 유전자의 복제기구(複製機構)에까지 접근한 것 같지는 않았다. 그리고 DNA 화학을 생각해 보면 볼수록 폴링이 킹스대학에서의 실험 결과를 모르고는 DNA의 올바른 구조를 밝혀낼 수 있을 것 같지 않았다.

　크리스마스 휴가 때 스위스로 스키를 타러 가는 길에 나는 런던에 들러 윌킨스에게 폴링이 아직은 DNA 고지를 점령하지 못했다고 이야기해 주었다. 그 이야기를 하면서 폴링이 이제 DNA를 공격 목표로 삼는 이 긴급사태를 당해 윌킨스가 크릭과 나에게 도움을 청해 오기를 은근히 바라고 있었다. 그러나 윌킨스는 폴링이 DNA 공략에 성공하리라고 생각하는지 아닌지는 몰라도 내게 조력을 청하거나 하지는 않았다.

윌킨스에게 더 중요한 건 로지가 킹스대학에 있는 날이 얼마 남지 않았다는 점인 것 같았다. 그녀는 윌킨스에게 곧 버크벡대학 버널의 연구실로 옮기려고 한다고 알린 모양이었다. 게다가 윌킨스가 특히 좋아한 것은 그녀가 떠날 때까지 몇 달은 지금껏 한 일을 정리하여 논문을 작성할 것이며 DNA 연구에서 손을 뗄 것이라고 말한 것이다. 그렇게 되면 윌킨스는 DNA 구조 문제에 전력을 다하여 파고들 수 있었다.

정월 중순에 케임브리지에 돌아온 나는 피터를 찾아 최근 그의 집에서 온 편지에 DNA에 관한 무슨 말이 없느냐고 물어보았다. 그러나 극히 간단히 언급된 편지가 하나 있었을 뿐 모두가 가족 소식이었다. 그런데 이 극히 간단한 언급이 문제였다. DNA 구조에 관한 논문이 완성됐으므로 곧 그 사본 한 통을 피터에게도 보내주겠다는 것이었다. 그리고 이번에도 그 구조에 관한 힌트는 하나도 없었다. 그 원고의 사본이 도착할 때까지 나는 박테리아의 성에 관해 논문을 쓰면서 초조한 마음을 달래고 있었다. 체르마트(Zermatt)에서 스키를 탄 후 밀라노(Milano)에 있는 카발리-스포르차에게 잠시 들렀을 때 나는 박테리아 교배에 관한 나의 추론이 옳다는 확신을 갖게 되었다. 그래서 리더버그도 같은 내용의 논문을 발표할지도 모른다는 걱정에 이 논문을 빌 헤이즈와 공저로 하루 빨리 발표하려고 서둘렀다. 그러나 논문이 다 되기 전인 2월 첫 주에 폴링의 논문이 대서양을 건너왔다.

폴링은 논문 사본을 두 통 보냈다. 한 통은 브래그 경에게, 그리고 또 한 통은 피터 폴링에게 보낸 것이었다. 브래그 경은 피터도 사본을 받았다는 것을 모르고 있었으므로 그 논문을 페루츠의 연구실로 보내길 주저했다. 그곳에서 크릭이 논문을 읽고 또 허공에 대고 개가 짖듯 요란하게 웃어델 것이 뻔했다. 지금의 예정대로라면 크릭의 웃는 소리도 앞으로 8개월만 참으면 된다. 물론 그의 학위 논문이 계획대로 진행되었을 때의 이야기지만, 그러면 적어도 1년 동안은 크릭을 브루클린으로 쫓아내 평화와 정숙(靜肅)을 누릴 수 있을 것이다. 브래그 경은 그 논문을 책상 서랍 속에 깊숙이 집어넣어 버렸다.

브래그 경이 크릭이 학위 논문도 팽개치고 또다시 법석을 떨지 않을까 걱정하던 바로 그 시간에 당자인 크릭과 나는 피터가 점심을 먹고 들어오면서 가지고 온 그 논문의 사본을 뚫어져라 들여다보고 있었다. 연구실에 들어서는 피터의 얼굴에서 무엇인가 심상치 않은 기색을 읽은 나는 만사가 끝났다는 직감에 눈앞이 아찔했다. 더 이상 마음을 졸이게 할 수 없다고 생각한 피터는 자기 부친의 모델은 당-인산의 뼈대를 내측(內側)에 둔 세 가닥의 나선구조라고 일러주었다. 나는 순간 내 귀를 의심했다. 그 구조는 작년에 유산되고 만 우리의 모델과 너무도 같지 않은가. 다음 순간 나는 만일 그때 브래그 경이 우리 연구에 제동만 걸지 않았따면 이 위대한 발견의 영광과 명예를 이미 우리가 차지했을 것이라는 생각에 발을 동동 구르고 싶은 심정이었다. 크릭이 그 논문을 좀 보자고 말하기도 전에 나는 피터의 외투 호주머니에서 그것을 뺏듯이 꺼내 읽기 시작했다. 요약과 서론을 대충 훑어보고 난 뒤 주요 원자들의 위치를 표시한 그림을 들여다보았다.

그림을 본 순간 나는 무엇인가 분명히 잘못됐다고 느꼈다. 무엇이 잘못된 건지 금방 꼬집어낼 수는 없었지만, 몇 분 동안 들여다본 뒤 나는 비로소 인산기(燐酸基)가 해리(解離)되지 않고 각 기(基)가 수소 원자와 결합하고 있어 기 전체가 전기적으로 중성이 됐다는 것을 알았다. 폴링의 핵산은 이런 의미에서는 산이 아니었던 것이다. 인산기가 전하(電荷)를 가지고 있지 않다는 것은 그 자체로서는 대수로운 일이 아닐지 몰라도 폴링의 모델에서는 중요한 의미가 있었다. 각 인산기의 수소 원자들이 수소 결합으로 세 가닥의 사슬을 붙들고 있는데, 이 수소 원자 없이는 세 가닥의 사슬들이 뿔뿔이 흩어져 폴링의 모델은 온데간데 없어져 버리는 것이다.

핵산의 화학에 관해서 내가 아는 한 인산기는 수소와 결합하지 않는다. DNA가 상당한 강산(强酸)임을 의심하는 사람은 없는 것이다. 따라서 생리학적 조건 하에서라면 인산기 주변에는 반드시 나트륨이나 마그네슘 같은 양전하 이온이 있어서 인산기의 음전하를 중화시키고 있을 것이다. 폴링의 모델에서처럼 인산기에 수소 원자가 단단히 결부되어 있다면 2가이온이 사슬들을 붙들어 매는 역할을 하고 있지 않나 하는 이제까지의 우리의 생각은 완전히 무의미해져 버린다. 세계에서 가장 빈틈없는 화학자로 공인받은 폴링이 어떻게 이런 엉뚱한 결론을 내리게 되었을까?

크릭도 폴링의 이 비화학적 결론에 어이없어하고 있는 것을 보고 나는 마음이 서서히 진정되면서 아직도 경기는 끝나지 않았다고 생각했다. 그러나 우리 두 사람은 폴링이 어째서 이런 실수를 저지르게 되었는지 알 수 없었다. 만일 학생이 이런 오류를 범했다면 아마 폴링은 그 학생을 칼텍 화학과에서 교육을 받을 자격이 없다고 판단했을 것이다. 그래서 우리도 처음에는 폴링의 모델이 고분자의 산-염기성에 대한 획기적인 재평가의 결과로 나온 결론이 아닌가 하고 안심이 되지 않았다. 그러나 그 논문에서는 이러한 화학 이론의 혁명에 관한 언급은 한마디도 없었다. 만일 이러한 혁명이 있었다면 그것을 비밀로 해둘 리가 없을 뿐만 아니라 오히려 폴링은 논문을 두 편으로 나누어 1편에서 이 새 이론을 서술하고 2편에서 그 이론에 의한 DNA 구조의 해명을 기술했을 것이 틀림없었다.

실수라고 하기에는 너무도 믿어지지 않는 대실책이어서 나는 가만히 있을 수가 없어 로이 마컴에게 달려갔다. 그에게 이 이야기를 하고 폴링의 머리가 돌았다는 확답을 듣고 싶었다. 예기했던 대로 마컴도 폴링과 같은 대가(大家)가 대학의 기본 화학도 잊어버리고 있다는 것은 참 재미있는 일이라고 웃으면서, 케임브리지의 대가 가운데도 때로는 화학의 기본 원리를 잊어먹는 사람이 한 사람 있다는 말까지 했다. 그 길로 나는 또 몇 사람의 유기화학자에게 뛰어가서 DNA는 분명히 산이라는 말을 듣고야 겨우 마음을 놓았다.

티타임에 캐번디시에 되돌아와 보니 크릭이 켄드루와 페루츠에게 더 이상 우물쭈물하면서 시간만 낭비하고 있을 때가 아니라고 열심히 설득하고 있었다. 그의 실수를 알면 폴링은 기를 쓰고 정답을 찾으려고 돌진할 게 틀림없다는 것이었다. 그 당시 우리는 폴링의 동료 화학자들이 그의 능력을 한층 더 숭앙(崇仰)하여 이 모델을 세밀히 검토하지 않았으면 하고 마음속으로 빌고 있었다. 그러나 그 논문은 이미 《국립아카데미회보》(Proceedings of the National Academy)에 발송되었으므로 늦어도 3월 중순에는 온 세계에 퍼질 것이고, 그러면 불과 며칠 안에 그 착오도 드러날 것이 뻔했다. 폴링이 다시 DNA를 향하여 총공격을 개시할 때까지 시간은 많아야 한 달 반밖에 안 되고 이 시간만큼 우리가 폴링보다 앞서 있을 것이다.

이 이야기는 윌킨스에게도 응당 알려주어야 했지만 당장은 알리지 않았다. 만일 크릭이 그의 독특한 화법으로 이야기를 시작하면 폴링의 졸작(拙作)의 요점도 채 말하기 전에 윌킨스는 무슨 핑계를 대어서라도 자리를 떠 버릴 것이 뻔했다. 마침 나는 빌 헤이스를 만나러 며칠 안에 런던으로 갈 예정이었으므로 그때 이 논문을 가져가서 윌킨스와 로지에게도 보여주기로 했다.

서너 시간 동안이나 이렇듯 흥분 속에서 보내고 나니 그날은 아무 일도 될 것 같지 않아서 크릭과 나는 밖으로 나가 폴링의 실패를 축하하는 축배를 들었다. 그것도 늘 마시는 포도주가 아니라 크릭을 졸라 위스키를 사게 한 것이다. 물론 우리에게 승산이 있는 것 같지는 않았으나 여하튼 노벨상은 아직 폴링에게 가지 않고 있었다.

23

　4시 조금 전에 내가 폴링의 웃지 못할 소식을 듣고 찾아갔을 때 윌킨스는 퍽 바쁜 모양이었다. 그래서 나는 로지의 연구실로 가보았다. 반쯤 열린 문을 밀고 들어가 보니 그녀는 허리를 굽혀 X선 사진을 검사하고 있었다. 내가 말없이 들어선 것을 보고 그녀는 잠깐 놀란 기색이었으나 곧 언제나처럼 냉전을 되찾아 나를 똑바로 쏘아보면서 불청객이 들어올 때는 노크쯤 하는 것이 예의가 아니겠느냐 하는 표정을 지었다.

　나는 윌킨스가 바쁜 것 같아서 이리로 먼저 왔다고 말문을 열고 그녀의 입에서 욕설이 튀어나오기 전에 빨리 서둘러야지 하는 생각으로 폴링의 논문 사본을 보겠느냐고 물었다. 나는 로지가 그 논문의 오류를 지적하는 데 얼마나 시간이 걸릴까 하는 것이 관심거리였으나, 그녀는 그따위로 나와 경주할 생각은 아예 없었다. 그래서 나는 폴링이 어디서 착오를 일으켰는지 곧 설명해 주었다. 설명하다 보니 폴링의 모델이나 1년 반 전에 크릭과 내가 로지에게 보여준 모델이나 다 같이 세 가닥의 나선으로 되어 있다는 점을 지적하지 않을 수가 없었다. 폴링이 이

나선 모델에서 DNA 분자의 대칭성을 찾은 것은 예전 우리의 실패작의 경우와 어쩌면 그렇게 꼭 같으냐고 하고 그녀가 웃을 줄 알았는데 그녀는 웃기는커녕 내가 자꾸 나선구조를 들추니까 점점 불쾌해하는 것 같았다. 나중에는 냉랭한 목소리로 DNA가 나선구조라는 증거는 폴링이 아니라 그 누구도 갖고 있지 않다고 잡아떼듯이 말하는 것이었다. 그녀는 내 입에서 나선이라는 말이 나온 때부터 덮어놓고 폴링도 틀렸다고 단정하고 그 뒤의 내 말은 숫제 귀담아 듣지 않았던 것이다.

기관총 총알같이 쏟아져 나오는 그녀의 말을 가로막고 나는 모든 규칙적인 중합고분자(重合高分子)의 가장 간단한 형태는 나선 구조밖에 없다고 항변했다. 그리고 그녀가 염기 배열 순서는 규칙적이지 않을 텐데 그렇게 말할 수 있느냐고 반성할 것이 뻔했기 때문에 DNA가 결정화될 수 있는 것으로 보아 염기 배열 순서는 전체 DNA 분자의 구조에는 아무 영향이 없다고 주장했다. 이 말을 듣고 그녀는 치밀어오르는 화를 억제하지 못하는 듯 소리를 높여 그렇게 입으로만 떠들 것이 아니라 그녀의 X선 사진상의 증거를 보면 그따위 잠꼬대 같은 말은 하지 않게 되리라고 잘라 말하는 것이었다.

나는 그녀가 상상하고 있는 것 이상으로 그녀의 실험 결과를 잘 알고 있었다. 윌킨스가 그 전에 로지의 소위 반나선적 증거에 대해서 나에게 알려준 적이 있었기 때문이다. 그때 크릭은 그 말을 듣고 그 증거라는 것은 우리를 현혹시키기 위한 것이 틀림없다고 단정했다. 그 생각을 한 나는 여기서 그녀와의 일전(一戰)도 불사(不辭)할 결의를 굳히고 X

선 사진 분석을 혹 잘못하고 있는 것이 아니냐고 말해 버렸다. 그리고 약간의 이론만 공부하면 그녀가 비나선형의 증거라고 주장하고 있는 특징들이 사실은 규칙적인 나선구조가 결정격자(結晶格子)를 형성할 때 생기는 조그마한 왜곡(歪曲)을 뜻하는 것임을 곧 알 수 있을 것이라고 말했다.

이 말을 듣고 로지는 갑자기 실험대를 삥 돌아 나에게로 바싹 다가왔다. 화가 나서 나를 치려고 하는 것이 아닌가 하고 겁을 집어먹은 나는 폴링의 논문을 가로채듯 움켜쥐고는 문 쪽으로 뒷걸음질을 쳤다. 마침, 그때 월킨스가 나를 찾아서 문안으로 머리를 들이미는 바람에 나는 탈출구를 잃고 말았다. 월킨스와 로지가 엉거주춤하는 내 머리 너머로 서로 마주 보았을 때 나는 월킨스에게 로지와 이야기가 끝났기 때문에 그에게 막 나가려던 참이었다고 더듬는 말소리로 간신히 말했다. 그러면서 몸을 살살 빼어 문밖으로 비켜서면서 월킨스와 로지가 정면으로 마주서게 만들었다. 그리고 이 어색한 분위기 속에 뛰어든 월킨스가 어쩔 줄 몰라 인사말로라도 로지에게 우리와 함께 가서 차나 마시지 않겠느냐고 권할까 봐 내심 떨고 있었다. 그러나 이 걱정은 기우(杞憂)로 끝났다. 로지가 몸을 홱 돌려 방문을 꽝하고 닫아버린 것이다.

복도를 걸어가면서 내가 월킨스에게 그가 나타나지 않았더라면 아마 로지에게 얻어맞았을 것이라고 말하니 그도 그랬을 거라고 고개를 끄덕거렸다. 몇 달 전에 그도 그런 일을 한번 당했다는 것이다. 그의 방에서 무슨 일로 논쟁이 벌어져 거의 주먹다짐으로까지 사태가 발전된

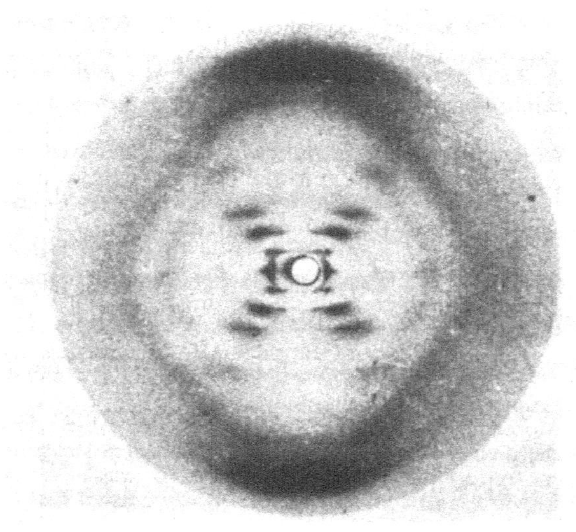

1952년 로잘린드 프랭클린이 찍은 B형 DNA의 X선 사진

모양이었다. 그래서 그가 도망치려고 하니까 로지는 재빨리 문을 닫아 걸고는 끝까지 길을 비켜주지 않더라는 것이다. 게다가 그때는 제3자가 단 한 명도 나타나지 않았다는 것이다.

로지와 이 일이 있고 나서 나를 대하는 윌킨스의 태도가 전에 없이 부드러워졌다. 나도 지난 2년간 그가 겪어온 정신적 고통을 실감할 수 있게 되자 윌킨스는 지금까지처럼 나를 속 터놓고 이야기했다가 오해를 살지도 모를 어려운 사람으로 취급하지 않고 같은 동지요, 전우로서 대해주는 것이었다. 게다가 그는 조수 윌슨을 시켜 로지와 고슬링의 X선 사진 몇 장을 몰래 복사해 두었다는 말까지 해 주었다. 그렇게 해 두면 이제까지의 시간 손실은 메울 수 있었다. 그보다 더 중요했던 것은 지난 여름부터 로지가 새로운 DNA의 3차원적 구조에 관한 증거를 쥐고 있다는 소식이었다. 그 구조는 DNA 분자가 다량의 물에 둘러싸여 있을 때 나타나는 것이라고 했다. 어떻게 생긴 구조냐고 다그쳐 물으니 윌킨스는 옆방으로 가 자신들이 "B"구조라고 부르는 새로운 형태가 나타난 X선 사진의 프린트를 한 장 들고 나왔다.

그 사진을 본 순간 나는 입이 딱 벌어졌고 심장이 방망이질하기 시작했다. 그 사진의 모양은 종전까지의 것("A"형)보다 엄청나게 간단한 것이었다. 뿐만 아니라 사진에서 가장 뚜렷한 검은 십자형의 반사 무늬는 나선구조에 기인하는 것으로밖에 생각되지 않았다. A형에서는 나선구조의 증명이 간단하지 않고, 또 나선의 대칭은 어떤 형인가에 관해서도 애매한 점이 많았다. 그러나 B형의 X선 사진을 보니 한눈으로도 나선을 의미하는 여러 가지 특징을 식별할 수 있었다. 조금만 계산해 보면 DNA 분자를 이루고 있는 사슬의 수도 알아낼 수 있을 것 같았다. 나는 윌킨스에게 이 사진을 가지고 어떤 일을 했는지 꼬치꼬치 캐물어 보았다. 그의 말에 의하면 그의 동료인 프레이저(R.D.B. Fraser)가 얼마 전까지 사슬 세 가닥을 가지고 모델을 열심히 궁리해 보았으나 뾰족한 결과가 나오지 않고 있다는 것이었다. 윌킨스도 나선형을 뒷받침하는 증거가 압도적으로 우세하다는 것은 인정하였으나—사실 스톡스-코크런-크릭의 이론에 의하면 나선이 아닐 수가 없었다—그에게는 이것이 큰 문제는 아니었다. 그도 나선형임을 예기하고 있었다. 문제는 나선의 내부에 염기가 어떻게 위치하고 있느냐에 관한 믿을 만한 가설이 하나도 없다는 점이었다. 물론 이것은 로지가 생각하는 바와 같이 염기는 내부에 있고 뼈대가 그 바깥을 둘러싸고 있다고 가정했을 때의 일이다. 그리고 윌킨스는 로지의 생각이 옳다고 믿는다고 내게 말했지만 나는 여전히 회의적이었다. 도대체가 크릭과 나는 아직도 그녀가 증거를 내세우는 것을 본 적이 없었다.

소호(Soho)로 저녁을 먹으러 나가면서 나는 윌킨스에게 폴링의 그 논문 이야기를 다시 하고 폴링의 실수를 웃고만 있을 때가 아니라고 강조했다. 폴링이 단지 실수를 한 것뿐이라면 또 몰라도 그렇지 않다면 문제는 중대했다. 폴링은 그의 실수를 아직 모르고 있다고 하더라도 그것을 아는 날에는 밤을 새워가면서 덤벼들 것이 뻔했다. 그뿐 아니라 폴링이 그의 조수라도 시켜 DNA X선 사진을 찍게 하면 B구조도 단박에 알아낼 것이 틀림없었다. 그렇게 되면 폴링은 일주일 이내에 DNA의 정확한 구조를 거뜬히 밝혀내고 말 것이다.

그러나 윌킨스는 조금도 흥분하지 않았다. 내가 DNA는 꼭 해결될 수 있다고 거듭 말하는 것을 듣고 그는 아마 그전에 크릭이 열병에 들뜬 사람처럼 그렇게 떠들던 것을 상기해 혐오감마저 느꼈는지도 모른다. 크릭은 몇 년 동안 윌킨스에게 DNA야말로 가장 중요한 것이라고 귀에 못이 박히도록 말해왔다. DNA가 중요하다는 것은 그도 잘 알고 있었다. 다만 그 방법론에 차이가 있었다. 그는 자신이 밟아온 길을 냉정히 돌이켜 보면 볼수록 자기 주관대로 일해 온 것이 역시 현명했다고 생각하는 것 같았다. 웨이터가 식사 주문을 받으러 우리 어깨너머로 고개를 내밀었을 때, 윌킨스는 만일 모든 사람이 과학의 전도(前途)에 대해 의견을 같이한다면 만사는 다 해결될 것이며 우리는 의사나 기술자로 직업을 바꿀 수밖에 없을 것이라고 나를 타이르듯이 조용히 말했다.

식사가 나온 후에도 나는 DNA 이야기를 계속했고 DNA 분자를 구성하는 폴리뉴클레오티드 사슬의 수는 제1 및 제2층 선상의 가장 내부의 반사위치를 측정하면 곧 알 수 있지 않겠느냐고 물어보았다. 그러나 윌킨스에게서 겨우 끄집어낸 대답은 도대체 요령부득이어서 나는 그가 킹스대학에서는 그런 측정을 해본 적이 없다고 하는 것인지 혹은 음식이 식기 전에 빨리 먹기나 하자는 것인지 알 수가 없었다. 할 수 없이 나도 별로 입맛이 당기지 않는 음식을 같이 먹으면서 나중에 돌아갈 때 그의 숙소까지 같이 걸어가면서 물어보면 되겠지 하고 넘겼다. 그러나 샤블리(chablis) 포도주를 한잔 마시고 나니 딱딱한 이야기를 하고 싶은 생각은 싹 가셔버렸고, 윌킨스의 숙소까지 같이 걸어가면서 그가 좀 더 조용한 곳에 나온 아파트를 구하려 한다는 이야기를 듣다가 헤어져 버렸다.

난방 장치라고는 없는 차디찬 기차를 타고 흔들리며 케임브리지로 돌아가는 길에 나는 B형에 관해 들은 이야기를 신문 쪽지에 메모하고 두 가닥의 사슬로 된 모델과 세 가닥의 사슬로 된 모델 중 어느 것이 옳은지 곰곰이 생각해 보았다. 그리고 아무리 생각해 보아도 킹스대학에서 두 가닥의 사슬 모델을 채택하지 않는 이유가 납득되지 않았다. 이 문제는 DNA 시료의 수분 함량에 달려 있는데, 그들 자신도 직접 측정한 수분 함량에 의문을 가지고 있었다. 케임브리지에 도착해 자전거를 타고 뒷문을 뛰어넘어 연구실로 들어갈 때 나는 이미 두 가닥의 사슬로 모형을 조립해 보기로 결심한 뒤였다. 크릭도 찬성할 것이 틀림없다. 아무리 그가 물리학자라 하더라도 생물학적으로 중요한 물질은 언제나 쌍(雙)으로 되어 있다는 것쯤은 모를 리 없었다.

24

이튿날 아침 페루츠의 연구실에 들어가 보니 마침 브래그 경도 와 있었다. 크릭은 아직이었다. 토요일이라 아마 침대에서 그날 아침 배달된 《네이처》나 읽고 있는 모양이었다. 나는 브래그 경과 페루츠에게 런던에서 들은 B형의 상세한 내용을 설명해 주고 그것을 그림으로 그리면서 DNA가 34Å의 반복 주기를 갖는 나선임에 틀림없다고 말했다. 브래그 경은 내 말을 가로막아 몇 가지 질문을 했는데 그것으로 나는 브래그 경이 내 말에 귀를 기울이고 있다는 것을 알 수 있었다. 그래서 나는 폴링의 이야기를 끄집어내 지금 폴링이 DNA에 도전해 그 구조를 언제 해명할지 모르는 이 중요한 위기 상황에 대서양 이편에서 우리가 두 손 놓고 앉아만 있을 때가 아니라고 역설했다. 그리고 연구소 기계공에게 퓨린과 피리미딘 모형을 만들도록 주문할 작정이라는 말을 하고는 브래그 경의 표정을 살폈다.

다행히 브래그 경은 반대하지 않고 오히려 나더러 모형을 잘 조립해 보라고 하면서 격려해 주었다. 그도 킹스대학에서의 집안싸움에는 눈살을 찌푸리고 있었을 뿐만 아니라, 다른 사람도 아닌 폴링에게 또 하나의 중요한 분자구조의 해명을 허락하고 싶지는 않았던 것이다. 또 담배 모자이크 바이러스(TMV)에 대한 내 연구도 그의 동의를 얻어내는 데큰 도움이 되었다. 브래그 경은 그 연구를 보고 내가 독창적으로 일을하고 있다는 인상을 받은 모양이었다. 그래서 그는 나를 크릭과는 달리내버려 두어도 무모한 모험은 하지 않을 테니 안심하고 두 발 뻗고 잘수 있을 거라고 믿는 것 같았다. 나는 급히 아래층 공작실로 뛰어내려가 모형의 설계도를 곧 그려올 테니 그대로 만들어 달라고 미리 부탁해두었다.

내가 연구실로 돌아가고 나서 얼마 지나지 않아 크릭이 어슬렁어슬렁 나타났다. 그러고는 어젯밤 파티는 정말 멋있었다고 떠들기 시작했다. 내 여동생이 데리고 간 프랑스 청년에게 오딜이 홀딱 반했다는 것이다. 내 여동생 엘리자베스는 약 한 달 전 미국으로 돌아가는 길에 이곳에 와서 머물고 있었다. 나는 운 좋게도 그녀를 카밀 팝 프라이어 미망인의 하숙집에 넣을 수 있었고, 나도 저녁 식사를 그 집에서 여러 외국인 아가씨들과 함께할 수 있었다. 나는 엘리자베스를 영국의 전형적인 책벌레 총각들로부터 구제할 수 있었던 동시에 위장병의 고통으로부터 스스로를 구제할 수 있었다.

프라이어 미망인의 하숙집에는 베르트랑 푸르카드(Bertrand Fourcade)라는 케임브리지의 최고 미남, 미남이라기보다 멋쟁이가 살고있었다. 영어를 배우기 위해 몇 달 동안 와 있다는 이 프랑스 사내는 자기 얼굴에 자신만만하여 구김살 하나 없는 빳빳한 양복에 멋들어진 옷을 입은 아가씨들과 거리를 활개 치고 다니는 것을 좋아했다. 내가 언젠가 이 멋쟁이를 안다고 하자 오딜은 무척이나 좋아했다. 그녀도 케임브리지의 많은 여성과 마찬가지로 거리를 걷고 있는 미남이나 아마추어 연극 클럽 공연 휴게시간에 서성거리는 매력적인 남성을 보면 눈을 떼지 못하는 여자였다. 그래서 엘리자베스가 베르트랑에게 크릭의 집에서 저녁 식사를 함께하자고 초대하기로 했다. 그런데 공교롭게도 약속한 날이 바로 내가 런던으로 떠나야 하는 날이었다. 내가 런던에서 윌킨스가 접시에 담긴 음식을 꼼꼼히 긁어 먹고 있는 것을 물끄러미 바라보고 있던 바로 그 시간에 베르트랑은 올 여름 리비에라(Riviera)에서의 여러 사교계 모임 가운데 어디에 얼굴을 내밀까 고민이라는 둥 시시콜콜한 말을 지껄이고 있었고, 오딜은 그 말을 들으면서 완전무결하게 균형 잡힌 그의 얼굴에 넋을 잃고 있었다.

한참 떠들고 있던 크릭은 내가 그 돈 많은 프랑스 젊은이 이야기에 통 흥미를 보이지 않고 지루해하는 것을 알아차렸다. 나는 어젯밤 술이 아직도 덜 깨어 있는 이 친구에게 아침에 만나자마자 DNA 문제는 이제 누구라도 풀 수 있게 되었다는 딱딱한 이야기를 해도 좋을지 망설이다가 B형 이야기를 상세히 들려주었다. 내 이야기를 듣던 크릭은 그것이 농담이 아님을 알고 곧 심각해졌다. 그가 특히 주목한 것은 자오선상(子午線上)의 3.4Å에서 반사가 다른 어떤 반사들보다 훨씬 강하다는 점이었다. 이것은 퓨린과 피리미딘 염기들이 나선 축에 수직 방향으로 3.4Å의 간격을 가지고 서로 겹쳐 있다는 것을 의미하는 것이었다. 게다가 우리는 전자현미경 사진과 X선 사진을 통해 나선의 지름이 약 20 Å이라는 것을 분명히 짐작할 수 있었다. 그러나 내가 생물계에서는 중요한 분자들이 쌍을 이루고 있는 경우가 많으므로 DNA도 두 가닥의 사슬로 모형을 만들어 보는 것이 좋겠다고 말하자 크릭은 반대했다. 그의 견해는 화학적 지식에 근거를 두지 않은 핵산에 관한 논의는 무의미하다는 것이었다. 그는 우리가 알고 있는 실험적 증거만으로는 두 가닥인지 세 가닥인지를 알 수 없으므로 양쪽에 다 같이 관심을 두어야 한다고 말했다. 나는 그의 말에 전적(全的)으로 동의할 수 없었지만 그렇다고 뾰족한 반론 증거도 없었다. 그러나 두 가닥의 사슬을 써서 모형을 조립해 보기로 작정한 마음은 변하지 않았다.

처음 며칠 동안은 조립 작업이 통 진전되지 않았다. 퓨린과 피리미딘 모형도 아직 안 된 데다가 인원자의 모형조차 준비가 안 돼 있었다. 연구소 공작실에서는 이 간단한 인(燐)원자 모형을 만드는 데도 최소한 3일은 걸린다고 하였다. 그래서 그 사이에 유전에 관한 논문이나 완성하려고 오후에는 클레어의 기숙사에 돌아갔다. 저녁에 식사를 하러 자전거를 타고 프라이어 미망인 댁으로 가 보니 베르트랑과 엘리자베스가 피터와 이야기하고 있었다. 피터는 일주일 전에 프라이어 미망인의 환심을 용케도 사가지고는 그 집에서 저녁 식사를 할 권리를 얻어냈던 것이다. 페루츠가 니나를 토요일 저녁에도 집에 붙들어 두는 건 말도 안 된다고 피터가 불평을 잔뜩 늘어놓는 소리를 듣는 둥 마는 둥 엘리자베스와 베르트랑은 그들끼리 무언가 즐거운 듯 소곤거리고 있었다.

174

그들은 친구의 롤스로이스를 타고 베드포드(Bedford) 교외에 있는 어느 유명한 별장을 구경하고 막 돌아온 길이었다. 그 별장의 주인은 골동품에 조예가 깊은 건축가였는데, 현대 문명을 철두철미하게 싫어해 집안에 가스도 전기도 들이지 않았다. 가능한 한 18세기 지주의 생활양식을 그대로 유지하고 있는 이 주인은 심지어 손님들이 그와 함께 정원을 산책할 때는 특제 지팡이까지 들게 할 정도였다.

저녁 식사가 끝나자마자 베르트랑은 엘리자베스를 끌고 파티에 간다고 나가 버려 피터와 나는 갑자기 할 일을 잃은 사람처럼 우두커니 앉아 있었다. 피터는 처음에는 하이파이 레코드 플레이어나 손봐야겠다고 하더니 결국은 나와 함께 영화 구경을 나섰다. 영화를 보는 동안은 피터도 잠잠했으나 밤늦게 영화가 끝나자 그는 무슨 이야기 끝에 사라(Sarah)라는 아가씨를 좋아하는데 그녀의 아버지 로드차일드 경은 그를 만찬에 한 번도 초대해 주지 않으니 어디 아버지라고 할 수 있겠느냐고 또 불평을 늘어놓았다. 나도 그의 말에 동감을 표시하고 맞장구를 쳤다. 피터가 미녀들의 세계에 접근할수록 내게도 학자형 마누라를 얻지 않아도 될 가능성이 생길지 모르는 일이었다.

사흘 후에 인(燐) 원자 모형이 다 준비되자 나는 서둘러 당-인산 뼈대의 짧은 단편을 몇 개 연결해 보았다. 그리고 꼬박 하루 반을 소비하면서 두 가닥의 사슬을 써서 뼈대를 내부에 둔 모형을 만들어 보았다. 그러나 B형의 X선 사진에 부합되는 모형은 어느 것이나 다 15개월 전에 제작했던 세 가닥 사슬 모형보다 입체화학적인 측면에서는 더 부적

당했다. 실망한 나는 크릭이 학위 논문에 열중하고 있는 것을 보고 베르트랑과 테니스를 치면서 그날 오후를 보냈다. 그러고는 차를 한 잔 마시고 나서 연구실에 돌아와 크릭에게 "모형 조립보다 테니스가 훨씬 더 재미있다는 것을 알았네" 하고 말을 걸었다. 바깥의 화창한 봄날씨에도 아랑곳없이 일에만 몰두하고 있던 크릭은 곧 펜을 놓고 "중요한 DNA 문제를 팽개치고 테니스나 하고 있으면 얼마 안 가서 야외 경기가 그렇게 좋지만은 않다는 것을 알게 될 걸세" 하고 나를 비꼬았다.

크릭의 집에서 저녁을 먹으면서 나는 무엇이 잘못된 것일까 하고 낮의 모형을 다시 생각하기 시작했다. 나는 뼈대를 모형 내부에 두어야 한다고 늘 주장하고 있었지만 물은 일절 고려하지 않고 있었다. 식사 후 커피를 마시면서 나는 급기야 내가 염기를 모형 내부에 밀어넣지 않고 외부로 나오게 한 이유 중의 하나는 그렇게 하지 않으면 거의 무한에 가까운 많은 종류의 모형이 생겨나고, 그중 어느 것이 옳은지 판별하는 건 도저히 불가능한 일이 되기 때문이라는 사실을 자인하지 않을 수 없었다. 결국 염기가 장애물인 것이다. 이것을 외부로 향하게 하면 염기 걱정은 하지 않아도 된다. 그런데 만일 이 염기를 내부로 밀어 넣으면 불규칙적인 배열 순서를 가진 둘 또는 세 가닥의 폴리뉴클레오타이드 사슬을 한곳에서 엮어내야 하는 엄청난 문제가 생긴다. 이에 대해서는 크릭도 두 손을 들 수밖에 없었다. 내가 돌아가려고 그 집을 나섰을 때 크릭은 염기를 중앙에 둔 모형을 내가 제작하게 하려면 조금은 그럴싸한 논리를 내세우지 않으면 안 되겠다고 생각하고 있는 것

176

같았다.

그러나 그 이튿날 오전 나는 뼈대를 중앙에 둔 그 모형을 해체하다가 문득 뼈대를 외측에 둔 모형을 이삼일 걸려 만들어 봐도 손해될 것은 없지 않나 하는 생각을 하게 되었다. 그러려면 염기를 일단 무시해야 되는데, 퓨린과 피리미딘 분자의 모형을 도려낸 양철판이 도착하려면 아직도 일주일이나 남았기 때문에 그 전에는 어차피 염기에 손을 댈 수 없는 상태였다.

모형 외측에 놓였던 뼈대가 X선상의 증거에 모순되지 않도록 비트는 것은 별로 어려운 일이 아니었다. 크릭과 나는 인접한 두 염기 사이의 회전각은 30°와 40° 사이가 가장 알맞다고 생각하고 있었다. 화학적 결합각에서 볼 때 이보다 커도 안 되고 또 작아도 안 되는 것이었다. 그래서 뼈대를 외측에 둔다면 34Å이라는 결정학상의 반복 주기는 나선의 축을 중심으로 나선이 꼭 한 바퀴 돌았을 때의 수직 거리를 의미하는 것이라고 생각했다. 이쯤 되니 크릭도 가만히 있지 않았다. 계산을 해 보다가 또 모형을 응시했다가 하면서 그도 점점 열을 올리기 시작했다. 그러나 주말이 되자 우리는 미련 없이 손을 뗐다. 토요일 밤에는 트리니티에서 파티가 있었고, 일요일에는 윌킨스가 크릭의 집을 방문하기로 폴링의 논문이 도착하기 훨씬 전부터 약속해 두었기 때문이다.

윌킨스는 주말에 방문한 친구 집에서도 DNA 이야기에서 해방될 수 없었다. 그가 도착하자마자 크릭은 B형에 관해 꼬치꼬치 캐묻기 시작한 것이다. 그러나 점심 식사가 끝날 무렵에는 그도 내가 일주일 전에 주워들은 정보 이외에는 아무것도 없다는 것을 알게 되었다. 윌킨스는 여전히 태평했다. 마침 동석했던 피터가 부친 폴링이 곧 행동을 개시할 것이 분명하다고 말했을 때도 윌킨스는 조금도 동요하지 않았고 모형 조립은 로지가 한 달 반 뒤에 떠나면 그때 생각해 보겠다고만 말할 뿐 이었다. 크릭이 우리가 모형을 조립해도 상관없겠느냐고 물었을 때도 그는 여유로운 어조로 좋을 대로 하라고 답했다. 그 말을 듣고 나는 겨 우 안도의 숨을 내쉬었다. 하긴 그가 언짢아했더라도 우리는 모형 조립 을 단념하지 않았을 것이다.

25

그로부터 며칠 동안 크릭은 내가 분자모형을 너무 자주 떠난다고 몹시 언짢아했다. 아침에는 내가 언제나 먼저 나오고 자기는 10시나 되어서야 어슬렁어슬렁 나오면서도 불만이었다. 거의 매일 오후 내가 테니스를 치러 나갈라치면 그는 하던 일을 멈추고 주인 없는 폴리뉴클레오타이드 사슬을 물끄러미 쳐다보면서 눈살을 찌푸렸다. 게다가 나는 테니스를 치고 나서 차를 한 잔 마시고는 실험실에 나와 모형을 잠깐 만지작거리는 척하다가 슬그머니 빠져나와 프라이어 미망인 댁으로 달려가서 아가씨들과 포도주나 마시기 일쑤였으니 그가 속상해하는 것도 무리는 아니었을 것이다. 그러나 크릭이 아무리 투덜대도 나는 아무렇지도 않았다. 주문한 염기 모형이 도착하기 전까지는 뼈대를 이리저리 만져봤자 아무 소용이 없었다.

나는 거의 매일 밤 영화 구경을 하면서 신통한 해결책이 머리에 떠오르길 막연히 꿈꾸고 있었다. 때로는 너무 영화를 좋아해서 오히려 실망한 적도 있었다. 그중에서도 제일 실망한 것은 〈황홀경〉(Ecstasy)을 보러 간 밤이었다. 헤디 라마(Hedy Lamarr)가 나체로 시시덕거리는 이 영화가 처음 나왔을 때 피터나 나 둘 다 너무 어렸기 때문에 케임브리지에서 다시 이 영화가 상영된다는 소식을 듣고는 피터와 나는 들뜬 기분으로 엘리자베스를 데리고 렉스(Rex) 영화관에 갔다. 그러나 영국 검열관의 가위질을 모면한 유일한 수영 장면에서조차 고작 출렁거리는 수면에 반사된 모습이 다였다. 억제할 길 없는 격정의 말소리만이 화면과 어울리지 않게 흘러나올 때마다 대학생들은 시시하다고 야유를 보내며 소리를 내질렀고 우리도 덩달아 소리를 고래고래 질렀다.

그러나 마음에 드는 영화를 보고 있으면서도 나는 염기 문제를 잠시도 잊어버릴 수 없었다. 입체화학적으로 보아 빈틈없는 뼈대의 배열 형태를 우리가 드디어 밝혀냈다는 사실은 내 머릿속에서 떠나지 않았다. 이 배열상은 실험 데이터와 완전히 일치한다는 데도 의문의 여지가 없었다. 로지의 정밀한 측정 결과와 대조하는 작업도 이미 마쳤다. 물론 로지가 자신의 측정 결과를 우리에게 가르쳐준 것은 아니다. 킹스대학에서는 그 결과를 우리가 이미 알고 있다는 것은 아무도 몰랐다. 그 결과를 수중에 넣은 것은 랜들의 연구소의 연구 활동을 평가하기 위해 의학연구협의회(Medical Research Council)가 페루츠를 위원으로 지명했기 때문이다. 랜들은 그의 연구소 활동이 충분히 생산적이라는 것을 위원회에 과시하기 위해 연구원들에게 자신들의 연구 성과를 알기 쉽게 요약해 표로 제출하도록 지시했다. 그리고 그것을 등사해 유인물로 만들어 전 위원에게 배부했다. 페루츠가 이것을 받아 로지와 윌킨스의 연구를 보고 크릭과 나에게도 보여준 것이었다. 그 내용을 훑어본 크릭은 내가 킹스대학에서 듣고 그에게 전해준 B형의 중요한 특징이 틀림없다는 것을 알고 내 기억력을 이제는 안심하고 믿을 수 있다고 생각하는 모양이었다. 그래서 뼈대의 배열에 아주 약간의 손질만 하면 빈틈없는 것이 될 수 있었던 것이다.

나는 대개 늦은 밤 숙소로 돌아간 후에 염기의 비밀을 풀 수 있는 방법을 골똘히 생각했다. 이 염기들의 구조식은 내가 클레어의 기숙사에서 갖고 있던 데이비슨(J.N. Davidson)의 《핵산의 생화학》(The Biochemistry of Nucleic Acids)이라는 조그마한 책에 다 나와 있었다. 그래서 나는 캐번디시 연구소의 기록 용지에 그 구조를 정확히 쓸 수 있었다. 내 생각의 초점은 모형의 안쪽에 밀어 넣은 염기들을 어떻게 배열하면 바깥쪽 뼈대가 완전히 규칙적으로 놓일 수 있을까, 즉 뉴클레오타이드의 당과 인산기들이 완전히 동일한 3차원적 배치를 보일까 하는 문제였다. 그러나 번번이 부닥치는 장애물은 4종의 염기 구조가 서로 전혀 다르다는 것이었다. 게다가 어떤 면에서 보아도 폴리뉴클레오타이드 사슬 염기에는 규칙성이 전혀 없었다. 그래서 특별히 마술을 부리지 않는 한 한두 가닥의 폴리뉴클레오타이드 사슬을 아무리 비틀고 꼬아보아도 결과는 혼란 그 자체였다. 어떤 데서는 큰 염기끼리 부딪치는가 하면 또 다른 곳에서는 작은 염기끼리 마주 보게 되어 그 사이에 간극이 생기거나 아니면 뼈대가 구부러져 들어갔다.

또다른 성가신 문제는 염기와 염기 사이에서 형성되는 수소 결합이 어떻게 서로 꼬여 있는 두 폴리뉴클레오타이드 사슬을 붙들어 맬

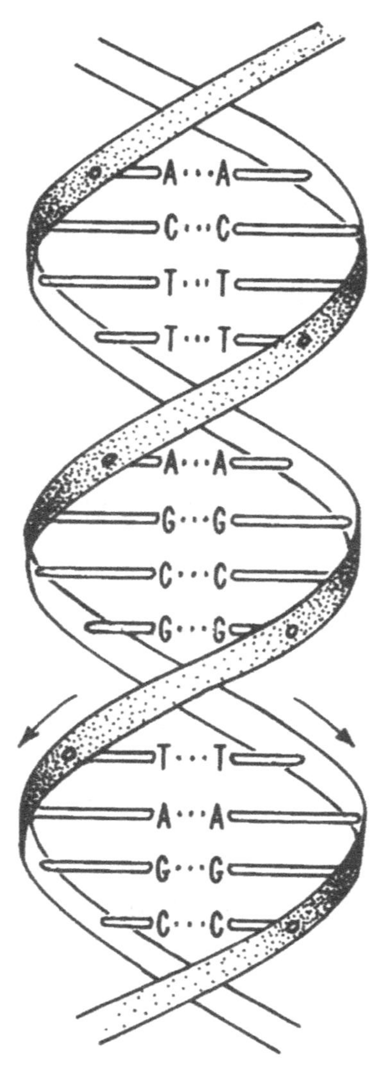

같은 염기를 상보적으로 배열한 염기쌍을 보여주는 DNA 구조의 모식도

수 있는가 하는 것이었다. 1년이 넘도록 크릭과 나는 염기들이 규칙적인 수소 결합을 형성하리라는 생각을 미처 하지 못했으나 결과적으로 그것이 잘못이었다는 게 명백해졌다. 각 염기 분자의 하나 또는 두 개의 수소 원자는 여기저기로 그 위치를 옮길 수 있다[호변이성 이동(互變異性移動)]는 실험 결과를 알고 있었기 때문에 모든 호변이성 이성질체(tautomeric form)는 같은 비율로 존재한다고 생각하고 있었던 것이다. 그러나 DNA의 산-염기 적정(滴定)에 관한 굴란드(J.M. Gulland)와 조던(D.O. Jordan)의 논문을 그때 다시 훑어본 나는 저자들의 결론, 즉 염기는 전부는 아니더라도 많은 부분이 다른 염기와 더불어 수소 결합을 형성하고 있다는 결론의 논거를 이제야 이해할 수 있었다. 더욱 중요했던 것은 이 수소 결합은 농도가 극히 낮은 DNA 용액에서도 존재하는 것으로 보아 동일분자 내의 염기간 결합임을 강하게 시사하고 있다는 점이었다. 뿐만 아니라 이제까지 조사한 바에 따르면 한 순수한 염기는 입체화학적으로 가능한 모든 불규칙한 수소 결합을 형성한다는 X선 결정학상의 결과도 도출됐다. 따라서 문제의 핵심은 염기 사이의 수소 결합을 지배하는 법칙을 찾아내는 데 있었다.

나는 종이에 염기의 구조식을 썼다가는 찢고 또 썼다가는 찢고 했으나 영화를 본 날이나 안 본 날이나 뾰족한 생각이 안 떠오르기는 매한가지였다. 영화 〈황홀경〉을 아무리 머릿속에서 지워버려도 그럴듯한 수소 결합이 떠오르지 않았다. 지친 나는 다음날 오후 다우닝(Downing)가에서 열릴 학생 파티에 예쁜 아가씨들이나 많이 왔으면 좋겠다, 하는

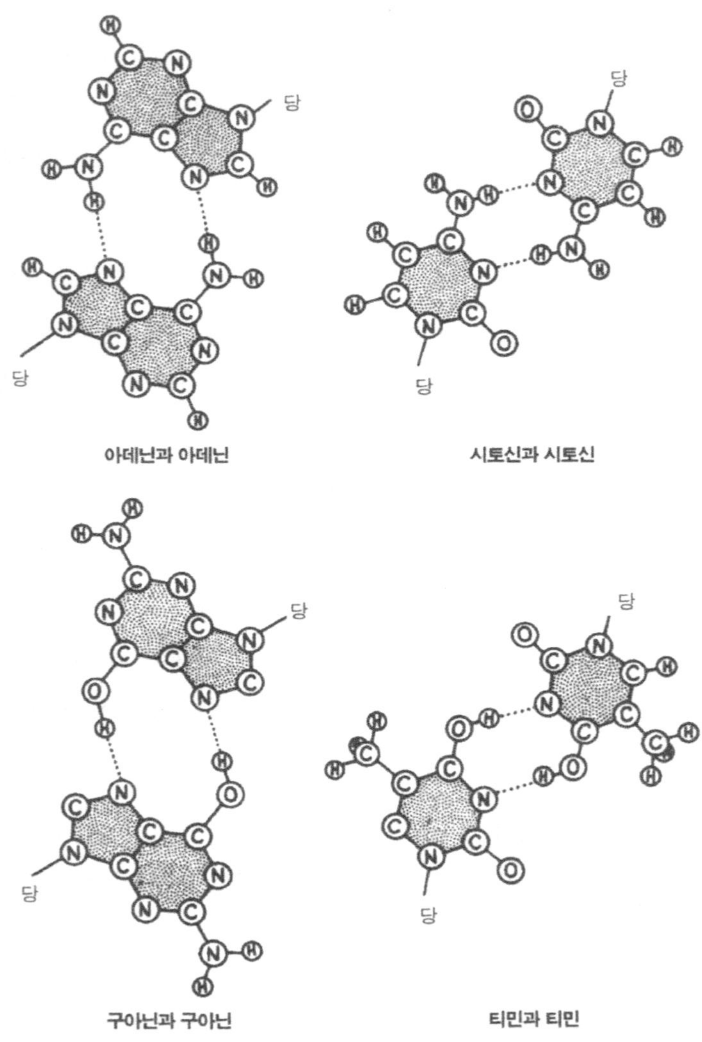

같은 염기끼리 쌍을 이루도록 그린 네 종류의 염기쌍(수소 결합은 점선으로 나타냈다.)

생각을 하다가 잠들어 버렸다. 그러나 그 파티에 간 나는 우락부락한 하키 선수들과 젖내 나는 앳된 소녀들만 가득 와 있는 것을 보고 잔뜩 실망했다. 같이 간 베르트랑도 잘못 왔다고 생각한 모양이었다. 우리는 실례가 안 될 정도로 잠깐 서 있다가 곧 바깥으로 도망치듯 나와 버렸다. 베르트랑에게 내가 피터의 아버지와 노벨상을 다투고 있다는 이야기를 한 것은 그때였다.

그러나 그다음 주중에 드디어 그럴싸한 생각이 떠올랐다. 종이에 아데닌의 구조식을 긁적거리고 있다가 갑자기 나는 DNA 분자 안의 아데닌 잔기(殘基)는 순수 결정상(結晶相)의 아데닌과 마찬가지인 수소 결합을 형성한다고 가정하면 DNA의 구조를 설명할 수 있으리라는 데 생각이 미쳤다. 만일 DNA의 구조가 그렇다면 각 아데닌 잔기는 그들과 꼭 180° 반대 위치에 있는 아데닌 잔기와 더불어 두 개의 수소 결합을 형성하고 있을 것이다. 그뿐만 아니라 각기 한 쌍을 이루는 구아닌, 타이민, 사이토신도 두 개의 대칭적인 수소 결합으로 서로 붙들리고 있을 것이다. 그래서 나는 DNA 분자가 염기의 배열 순서가 동일한 두 개의 사슬로 되어 있고, 이 두 사슬은 서로 같은 염기 사이에서 형성된 수소 결합으로 붙들려 있다는 생각에 도달했다. 그러나 이 경우 퓨린(아데닌과 구아닌)과 피리미딘(사이토신과 타이민)은 서로 분자의 모형이 다르기 때문에 당-인산 뼈대가 규칙적으로 늘어설 수 없고 꾸불꾸불해진다는 난점이 있었다. 즉. 퓨린끼리 수소 결합을 형성하고 있는 부분에서는 뼈대가 바깥쪽으로 튀어나올 수밖에 없고, 반대로 피리미딘끼리 만

나는 곳에서는 안으로 구부러져 들어갈 수밖에 없는 것이다.

이처럼 뼈대가 꾸불꾸불해진다는 결점은 있었지만 그래도 나는 가슴이 두근거리는 흥분을 억제할 길이 없었다. DNA가 이런 구조로 이뤄져 있다는 것이 사실로 판명나, 이를 공표한다면 나는 학계에 일대 선풍을 일으킬 것이리라. 동일한 염기를 가진 두 사슬이 서로 꼬여 DNA 분자를 구성하고 있다는 것은 우연의 산물은 아닐 것이다. 이것은 필시 어느 초기 단계에서 한쪽 사슬이 주형(鑄型)이 되어 또 한쪽 사슬을 합성한 결과임이 틀림없었다. 따라서 유전자의 복제 메커니즘이라는 것은 먼저 동일한 두 사슬이 서로 분리된 다음 이 각각의 사슬을 주형으로 삼아 새로운 두 사슬이 합성돼 원래와 똑같은 DNA 분자가 만들어지는 것임이 분명하다. 따라서 유전자 복제의 본질적인 메커니즘은 한쪽 사슬의 염기는 상대 사슬에서 그와 동일한 염기와 수소 결합을 형성한다는 데 있었다. 그러나 그날 밤 나는 아데닌과 공통적인 호변이성 이성질체를 갖는 구아닌은 왜 아데닌과 수소 결합을 형성하지 않느냐 하는 점에 대해서는 설명할 수가 없었다. 구아닌뿐 아니라 다른 염기들도 마찬가지로 얼마든지 짝을 잘못 고를 수도 있었다. 하지만 염기쌍 사이의 수소 결합 형성에도 각기 특이한 효소의 작용이 관여하고 있을 것이므로 너무 걱정할 필요가 없겠다는 생각이 들었다. 예컨대 주형이 되는 사슬에서 아데닌 잔기(殘期)가 있는 곳에는 꼭 아데닌만을 갖다 붙여주는 아데닌 특유의 효소가 있다면 설명이 가능했다.

나의 기쁨은 밤이 깊어 갈수록 더해갔다. 크릭과 나는 오래전부터

DNA 구조를 막상 규명하고 나면 그 구조라는 것이 싱겁기 짝이 없어서 그것만으로는 DNA의 복제 기구나 세포 내 생화학적 반응의 조절 기구 같은 것은 여전히 알 수 없는 건 아닐까 하는 불안감을 갖고 있었다. 그러나 이제야 나는 이러한 우려를 말끔히 씻을 수 있는 중요한 해답을 얻어낸 것이다. 기쁨과 흥분에 들뜬 나는 잠자리에 들어서도 두 시간 넘게 잠을 이루지 못했다. 눈을 감으면 한 쌍의 아데닌 잔기가 망막 위를 춤추듯 맴돌고 있었다. 혹시나 내 생각이 틀렸을지도 모른다는 두려움도 거의 느끼지 못했다.

26

내가 생각한 이 DNA 구조는 그 이튿날 오후에 벌써 휴지 조각처럼 무참히 찢기고 말았다. 구아닌과 타민의 호변이성 이성질체(互變異性 異性質體)를 잘못 생각했다는 엄청난 사실 앞에 직면하게 된 것이다. 그날 아침 나는 급히 식사를 하고 클레이어의 숙소에 일단 돌아가 막스 델브뤽의 편지에 답장을 썼다. 그의 편지에는 박테리아의 유전에 관한 내 논문을 보고 캘리포니아공대 유전학자들은 근거가 희박하다고 말하긴 해도 어쨌든 내 희망대로 《국립아카데미회보》에 투고하겠다는 내용이 담겨 있었다. 가령 그 논문이 정말 터무니없다면 이를 공식적으로 발표하는 것은 내가 아직 젊은 탓일 테고, 또 오히려 이 일을 계기로 나도 좀 더 정신을 차려서 사람들이 나를 무모하게 까불기만 하는 친구라고 보지 않게 조심하리라고 델브뤽은 생각하고 있었던 것 같았다.

물론 처음 그 편지를 읽었을 때는 기분이 과히 좋지는 않았다. 그러나 답장을 쓰면서 DNA라는 자기복제능력을 가진 위대한 물질의 구조를 내가 알아냈다는 자신감에서 박테리아가 교배한 뒤에 일어나는 현상까지 파악했다는 말을 거듭 쓰고 덧붙여 폴링의 모델과는 전혀 다른

DNA 구조를 생각해 냈다고 썼다. 이 구조에 대해서 조금 구체적으로 쓸지 망설이다가 그럴 시간이 없다고 생각한 나는 편지를 우체통에 던져 넣고는 곧바로 실험실로 달려갔다.

그런데 편지를 우체통에 집어넣은 지 한 시간도 지나지 않아 내 생각이 틀렸다는 것을 깨달았다. 내가 연구실에 들어서서 어젯밤에 떠오른 착상을 들뜬 어조로 설명하자 옆에서 듣던 미국인 결정학자 제리 도나휴(Jerry Donohue)가 이의를 제기했다. 내가 데이비슨의 책에서 본 호변이성 이성질체 자체가 틀렸다는 것이었다. 나는 다른 여러 책에서도 구아닌과 타이민을 에놀(enol)형으로 표시한다고 반박했으나 그는 상대조차 해주지 않았다. 그의 말에 의하면 오래전부터 유기화학자들은 별다른 근거도 없이 제멋대로 특정한 호변이성 이성질체를 다른 것보다 더 중시하고 있다는 것이다. 사실 유기화학 교과서에는 도저히 존재할 것 같지 않은 호변이성 이성질체의 구조식들도 나열돼 있었다. 내가 그에게 내민 구아닌 도식도 십중팔구 틀렸다고 했다. 그리고 자신의 화학적 직감에 의하면 이들은 다 케토(keto)형이어야 한다고 말했다. 또 타이민이 에놀형이 아니라 케토형이어야 한다고 말했다.

그러나 도나휴는 케토형이어야 하는 이유를 알기 쉽게 설명해 주지 않고 다만 어떤 물질의 결정 구조가 이것과 관련이 있는지만 말해 주었다. 이 물질은 디케토피페라진(diketopiperazine)으로서 몇 년 전부터 폴링의 연구실에서는 그 입체 구조를 세밀히 연구해 오고 있었다. 그 결과 이 물질은 에놀형이 아닌 케토형으로 존재한다는 사실이 밝혀졌다

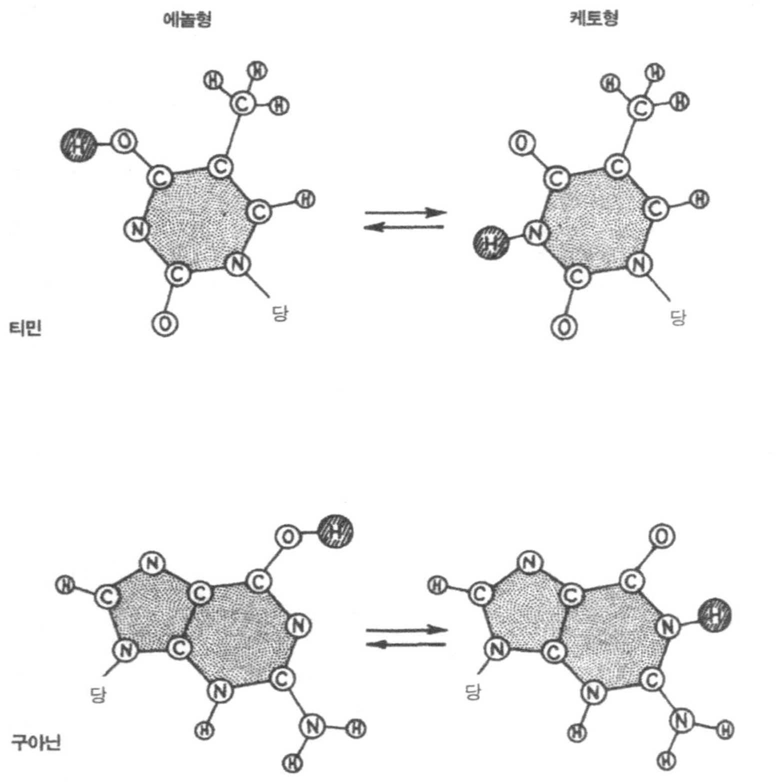

에놀형　　　　　　　　　　　　　케토형

티민

구아닌

타이민과 구아닌의 두 호변이성형. 위치를 바꿀 수 있는 수소원자가 사선으로 표시되어 있다.

는 것이다. 그는 또 디케토피페라진이 왜 케토형을 갖는가를 설명하는 양자역학적 이론은 그대로 구아닌과 타이민에도 적용된다고 확신하고 있었다. 이래서 나는 경솔한 착상에 시간을 허비하지 말라는 충고나 듣고 물러설 수밖에 없었다.

190

　나는 처음에는 도나휴가 공연히 아는 체하는 것이라고 믿고 싶었으나 이야기를 듣고 보니 그의 비판을 무시할 수가 없었다. 수소결합에 관해서는 그는 폴링 다음 가는 세계 최고봉인 것이다. 그는 칼텍에서 여러 해 동안 저분자 유기물질의 결정구조를 연구해 왔었기 때문에 나로서는 그가 문제의 내용도 잘 알지 못하고 주제넘게 간섭하는 것이라고는 생각할 수가 없었다. 지난 6개월간 그와 한 연구실에 책상을 놓고 지내온 나는 그가 잘 알지도 못하는 일에 함부로 용훼(容喙)하는 것을 본 적이 없다.

　풀이 죽을 대로 죽은 나는 책상에 앉아서 같은 염기끼리 잡아당긴다는 내 생각을 구제할 좋은 수는 없나 하고 생각해보았으나 헛일이었다. 에놀형을 케토형으로 바꾸어 놓아보면 내 아이디어는 치명적인 결정타를 얻어맞는 것밖에 안 되었다. 수소원자를 에놀형의 위치에서 케토형의 위치로 옮겨놓으면 퓨린과 피리미딘의 크기의 차이는 더 벌어져버리는 것이었다. 폴리뉴클레오타이드의 뼈대는 염기의 크기에 따라 밖으로 튀어나왔다가 안으로 옴팍 꾸부러져 들어갔다가 하는 꾸불꾸불한 사슬이라고 군색한 변명도 생각해보았지만 이 가능성마저도 크릭이 들어와서 산산이 깨어버리고 말았다. 그는 같은 염기끼리의 수소결합으로 이루어진 구조가 결정학적으로 측정된 34Å이라는 반복주기를 나타내려면 나선이 68Å마다 한 바퀴를 돌지 않으면 안 된다는 것을 알아내었다. 그러면 인접한 두 염기 사이의 회전각도는 18Å밖에 안 된다는 계산이 되어 최근 크릭이 모형을 써서 조사한 값과는 엄청나게 달라

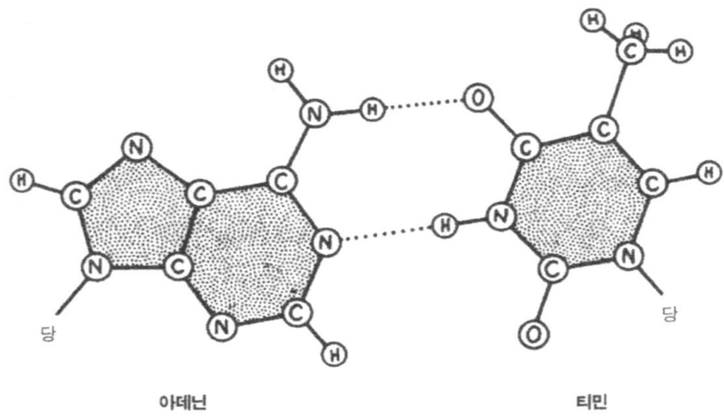

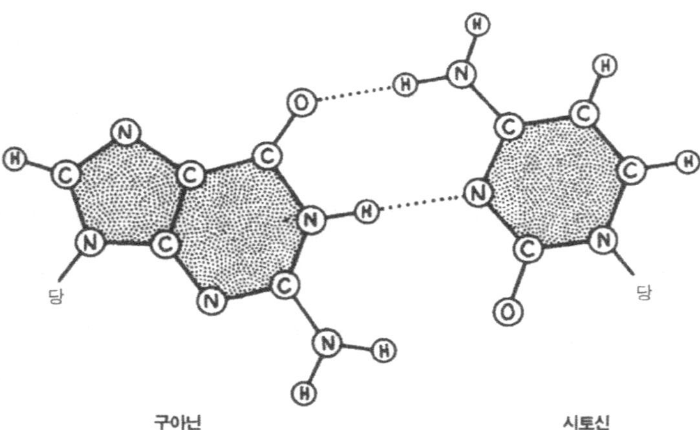

아데닌-타이민과 구아닌-사이토신의 염기쌍(점선은 수소결합). 구아닌과 사이토신 사이에는 제3의 수소결합이 가능하지만 결정학적 연구에 의하면 그 결합은 대단히 약한 것으로 생각되었기 때문에 여기서는 표시하지 않았다. 그러나 이것은 그 뒤 잘못임이 밝혀졌다. 따라서 구아닌과 사이토신 사이에는 제3의 강한 수소결합이 존재한다.

지는 것이었다. 크릭은 또 내가 생각하고 있는 구조로는 샤가프의 실험 결과 (아데닌과 타이민의 양이 서로 같고 구아닌과 사이토신의 양이 서로 같다는) 를 설명할 수가 없다는 점에서도 반대였다. 그러나 나는 샤가프의 측정치에는 별로 관심이 없는 체하고 있었다. 오전 내내 연속타를 얻어맞고 있던 나는 점심시간이 되자 겨우 풀려난 것 같은 기분이었다. 점심을 먹으면서 크릭의 쾌활한 잡담은 일시적으로나마 내 기분을 전환시켜주어 우리는 함께 이곳 대학생들은 도대체가 시시해서 외국인 여학생들을 만족시켜 주지도 못한다고 분개하기도 하였다.

점심을 먹고 나서도 나는 연구실에 돌아갈 마음이 내키지 않았다. 케토형에 알맞은 새 구조를 구상해보려고 하면 곧 담벼락에 부딪칠 것만 같고 또 X선 결과에 부합되는 규칙적인 수소결합을 가진 그런 구조는 있을 수 없다는 냉혹한 사실에 직면할 것만 같은 두려움에서였다. 바깥에서 크로커스(crocus)꽃이나 바라보고 있는 동안만은 그래도 염기를 처분할 수 있는 어떤 묘안이 떠오를지도 모른다는 막연한 희망이나마 지닐 수가 있는 것이다. 그러나 2층에 올라가 보니 다행히도 결정적인 모형조립작업을 적어도 앞으로 몇 시간 동안은 미룰 수 있는 핑계가 하나 생겼다. 가능한 모든 수소결합을 체계적으로 검토해보는 데 필요한 퓨린과 피리미딘의 금속모형이 아직도 안 되어 있었던 것이다. 앞으로 적어도 이틀은 더 걸린다는 것이었다. 아무리 의기소침해 있는 나라고는 하지만 이틀이나 멍청하게 지낼 수는 없는 문제였기에 그 날 오후는 딱딱한 도화지를 구해 염기분자의 정확한 모양을 그려서 가위로 오려내었다. 그 일을 마치고 나자 나는 수소결합문제는 다시 내일로 연기해야겠다고 생각하였다. 저녁식사 후에 프라이어 미망인의 하숙에 있는 아가씨들과 영화구경을 같이 갈 약속이 있었던 것이다.

이튿날 아침 아직 아무도 나와 있지 않은 연구실에 들어서는 길로 나는 책상 위를 말끔히 치워 넓은 공간을 만든 다음 염기의 종이모형들을 이리저리 배열해보면서 수소결합으로 연결시켜 보았다. 같은 염기끼리의 수소결합이라는 당초의 착상에 아직도 미련이 남아 있어서 처음에는 같은 염기끼리 나란히 놓아보았으나 그것이 쓸데없는 짓이라는 것은 나도 너무나 잘 알고 있었다. 도나휴가 들어왔을 때 나는 고개를 들어보고 크릭이 아님을 알고는 다시 염기들을 이리저리 옮기면서 궁리를 계속하였다. 그러다가 나는 두 개의 수소결합으로 연결된 아데닌과 타이민의 결합체는 역시 두 개 또는 두 개 이상일지도 모를 수소결합으로 연결된 구아닌과 사이토신의 결합체와 모양이 똑같다는 것을 우연히 알게 되었다. 그리고 그 수소결합도 전혀 어색하지 않았고 두 쌍의 염기들도 극히 자연스럽게 모양이 같아진 것이다. 나는 뛰어가서 도나휴를 불러와 이렇게 짝지어도 반론의 여지가 있느냐고 물어보았다.

"없다"는 그의 대답을 들은 순간 나는 하늘에라도 오르는 기분이었다. 이것으로 퓨린 잔기의 수가 항상 피리미딘 잔기의 수와 같다는 수수께끼 같은 현상도 설명할 수 있는 것이다. 아무리 염기의 배열순서가 불규칙하여도 퓨린은 피리미딘하고만 수소결합으로 결합된다고 한다면 두 가닥으로 된 나선의 중심부에 이들 염기들을 차곡차곡 채워 넣는 것은 문제가 아니다. 또 아데닌은 타이민하고만, 그리고 구아닌은 사이토신하고만 수소결합을 하게 되므로 샤가프의 실험결과는 이 이중나선구조의 결과임이 분명해졌다. 그 뿐만이 아니었다. 이 이중나선구조는 DNA의 복제기구도 완벽하게 설명할 수 있는 것이다. 아데닌은 타이민과, 구아닌은 사이토신과 짝을 짓는다는 것은 서로 꼬인 두 사슬의 염기의 배열순서는 서로 상보적(相補的)이라는 것을 의미한다. 따라서 한쪽 사슬의 염기의 배열순서가 정해지면 그 상대방 사슬의 염기 배열순서도 자동적으로 결정된다. 두 사슬 가운데 어느 하나가 주형이 되어 그와 상보적인 사슬을 합성하는 것을 이와 같이 개념적으로 쉽게 이해할 수 있는 것이다.

크릭이 나타나서 문안으로 채 들어오기도 전에 나는 그에게 만사가 다 해결되었다고 고함을 질렀다. 그는 언제나의 그의 버릇대로 잠시 동안은 회의적인 태도였으나 A-T와 G-C의 서로 닮은 모양을 보고는 역시 충격을 받은 모양이었다. 그는 곧 염기들을 여러 가지로 달리 배열해 보았으나 샤가프의 실험결과를 만족시킬 수 있는 방도는 그것밖에 없다는 것을 알게 되었다. 그리고 잠시 후에는 각 염기쌍의 두 배당결합(配當結合, 염기와 당 사이의 결합)은 나선의 축에 대하여 수직방향으로 위치한다는 것을 지적해냈다. 따라서 염기쌍을 뒤집어엎어도 각 염기의 배당결합의 방향은 달라지지 않게 되는 것이었다. 이것은 사슬 하나 속에 퓨린과 피리미딘 양쪽이 다 들어있을 수 있다는 것을 의미하고, 또 두 사슬의 뼈대는 서로 반대방향으로 달리고 있다는 것을 강하게 시사하는 것이었다.

이제 남은 문제는 이 A-T, G-C라는 염기쌍들을 지난 2주일 동안 걸려 만든 뼈대 속에 쉽게 끼워 넣을 수가 있느냐 하는 것이었다. 이것은 얼핏 보아서도 용이할 것 같았다. 나는 뼈대의 모형을 조립해 올릴 때 이미 중앙에 염기를 넣기 위해 넓은 공간을 마련해두었기 때문이다. 그러나 우리는 모든 입체화학적 법칙이 다 만족될 수 있는 그런 완전한 모형의 조립이 끝날 때까지 안심할 수 없다고 생각하였다. 모형으로 확인까지 해보지도 않고 큰소리만 치다가 나중에 또 틀렸다든지 한다면 그야말로 큰일인 것이다. 그래서 점심 때 크릭이 식당으로 날아가듯이 달려가서는 모든 사람들이 다 듣는 앞에서 우리가 생명의 신비를 밝혀 냈다고 떠들어대는 것을 보고 나는 약간 불쾌해지기까지 하였다.

27

그날부터 크릭은 다시 DNA에 미쳐 하루 종일 이 일에 매달리고 있었다. 내가 A-T와 G-C의 염기쌍이 서로 같은 모양을 한다는 것을 발견한 날 오후 그는 그의 학위논문 일에 일단 되돌아갔으나 암만해도 그 일은 손에 잡히지 않는 모양이었다. 몇 번이고 그는 자리에서 일어서서 종이모형이 있는 곳에 가서는 불안한 표정으로 들여다보고 있다가 또 그 모형을 달리 놓아보기도 하고 그러다가는 일시적인 불안감이 사라진 듯 만족스런 표정을 짓고 나에게 다가와서 우리가 한 이 일은 얼마나 중요한 일이냐 하고 말을 걸곤 하는 것이었다. 그의 말은 만사를 신중히 겸손하게 말해야 된다는 케임브리지의 상식에 몹시 어긋나는 것이었지만 나에게는 경쾌한 음악같이 들리기만 하였다. 그래도 아직 나는 우리가 DNA의 구조를 드디어 해명하였다는 것, 그것은 온 세상이 깜짝 놀랄 만한 가치 있는 일이라는 것, 그리고 α나선하면 폴링 하듯이 이중나선하면 우리 이름이 붙어 나올 것이라는 것, 이런 것들이 도무지 믿어지지 않았다.

저녁 6시에 식당으로 가는 길에 나는 크릭과 앞으로 며칠 동안 우리가 해야 할 일을 의논하였다. 크릭의 의견은 만족스러운 입체모형을 만드는 데 시간을 허비할 것이 아니라 하루라도 빨리 발표하여 모든 유전학자나 핵산생화학자들이 시간과 시설을 필요 이상으로 낭비하지 않도록 하는 것이 옳다는 것이었다. 한시라도 빨리 발표하여 그들이 연구방향을 재조정하게 해야 한다는 것이다. 나는 발표하고 싶은 마음이나 마찬가지로 모형을 조립해보고 싶은 마음도 간절했지만, 우리가 발표하기 전에 폴링도 이 염기쌍에 생각이 미칠는지도 모른다는 걱정이 더 앞서 있었다.

그날 밤에는 이중나선을 완성시킬 수가 없었다. 염기의 금속모형이 도착하기 전에는 아무리 모형을 조립해 보아야 필경은 헛수고인 것이다. 그래서 나는 프라이어 댁으로 가서 엘리자베스와 베르트랑에게 크릭과 내가 아마 결승점 한발 앞에서 폴링을 꺾은 것 같고 우리의 업적은 아마도 생물학에 혁명을 일으킬 것이라는 이야기를 들려주었다. 두 사람은 다 같이 진정으로 기뻐해주었다. 엘리자베스는 누이동생으로서의 자랑이었을 것이고, 베르트랑은 노벨상을 탈 사람을 친구로 가지고 있다고 국제사교계에 나가서 자랑할 수 있다는 타산이었을 것이다. 피터도 그의 아버지가 과학계에서 최초의 패배를 맛볼지도 모른다는 것은 염두에도 없는 듯 열광적으로 기뻐해주었다.

이튿날 아침, 잠에서 깬 나는 온몸에 생기가 약동하는 것 같은 기분이었다. 아침을 먹으러 〈변덕집〉에 가는 도중 나는 클레어교(橋)로 천천히 발길을 돌리면서 봄날씨의 상쾌한 아침 하늘에 우뚝 솟아있는 대학

예배당의 고딕식 뾰족한 탑을 쳐다보았다. 나는 발걸음을 멈추고 조지 5세 시대의 특징을 그대로 보전하고 있는 깁스 빌딩(Gibbs Building)의 최근 말쑥이 단장된 모습에 눈길을 돌리면서, 이번의 우리의 성공은 대학 구내를 산책하다가, 헤퍼 서점(Heffer's Book-store)에 들어온 신간을 주인 눈치를 살피면서 읽다가 하는 등의 평범한 장기간의 세월의 산물인 것이라고 생각했다. 흐뭇한 기분으로 《더 타임스》를 실컷 읽고 나서 연구실로 가보니 그날 따라 유난히 일찍 나온 크릭이 벌써 종이모형을 들고 부산을 떨고 있었다. 컴퍼스와 자로 잰 결과 염기의 모형들은 뼈대의 중심부에 꼭 끼일 수 있다는 것이었다. 조금 있으니 켄드루와 페루츠가 이번에는 정말 틀림없느냐 하는 표정으로 우리 연구실로 들어왔다. 그들을 보고 크릭은 우리의 모형을 간결하게 설명해주었고 그 사이 나는 공작실로 내려가서 퓨린과 피리미딘의 금속모형을 그날 중으로 다 만들어줄 수 없겠느냐고 부탁해보았다.

내가 독촉하지 않아도 그 모형들은 이미 거의 완성되어 있어서 한두어 시간 후면 땜질이 다 끝날 것 같다는 것이었다. 얼마 후, 우리는 그 반짝거리는 금속모형을 써서 처음으로 DNA의 모든 성분을 다 갖춘 모형을 조립해보았다. 약 한 시간쯤 걸려 나는 원자들을 배열하여 X선 결과와 입체화학적 법칙을 다 충족시킬 수 있는 위치에 고정해 놓았다. 그 결과 만들어진 나선은 오른쪽으로 감는 형이었고, 두 사슬은 서로 반대방향으로 달리고 있었다. 엉성하게 얽힌 모형은 한 사람밖에 매만질 수가 없어서 내가 혼자 맡아 했고, 다 끝나서 이제 다 됐다 하면

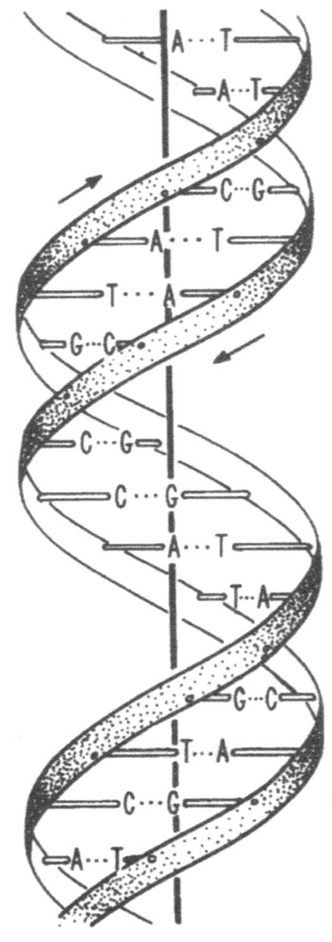

이중나선의 모식도. 당-인산의 두 뼈대는 분자의 바깥쪽에서 서로 꼬여 있고, 그 속에 수소결합으로 연결된 염기쌍이 들어 있다. 이 구조는 마치 회전계단과 같다고 할 수 있고, 각 염기쌍은 계단의 발판에 해당한다고 할 수 있다.

서 뒤로 물러설 때까지 크릭은 아무 말 없이 지켜보고만 있었다. 다만 한곳의 원자간 거리가 약간 짧은 감이 없지 않았으나, 여러 문헌에 나와 있는 수치들과 과히 크게 틀리는 것은 아니었기 때문에 걱정하지 않았다. 내가 손을 떼고 물러서자 이번에는 크릭이 약 15분 동안 모형의 이곳저곳을 손질하였는데, 그가 어쩌다가 얼굴을 찌푸릴 때마다 나는 가슴이 졸아드는 것 같았고 그가 곧 찌푸린 얼굴을 펴고 만족스런 표정을 지으면서 다른 부분은 어떤가 하고 손을 옮길 때면 나도 안도의 숨을 내쉬는 것이었다. 결국 아무런 이상도 발견할 수 없었고 만사 완전무결하다는 것을 확인한 후, 우리는 저녁을 먹으러 크릭의 집으로 함께 갔다.

저녁식사를 들면서 나온 화제는 물론 이 위대한 뉴스를 어떻게 공표할까, 하는 것이었다. 윌킨스에게는 누구보다도 먼저 알려주어야 할 것 같았으나, 16개월 전에 우리가 당했던 창피를 생각하면 모든 원자들의 정확한 좌표가 결정될 때까지는 알리지 않는 것이 안전할 것 같았다. 많은 원자들을 배열해 놓았을 때 하나하나의 원자들의 위치관계는 합당하다 하더라도 전체로서는 에너지론적으로 부당한 경우가 흔히 있을 수 있는 것이다. 우리의 모형이 이런 경우에 해당되는 것이라고는 생각되지 않았지만, 그래도 DNA 분자의 상보성이 갖는 생물학적 매력에 혹한 나머지 이런 잘못을 저지르고 있는지도 모르는 것이었다. 그래서 앞으로 며칠 동안은 수선(垂線)과 측정봉(測定棒)을 사용하여 한 개의 뉴클레오타이드 중의 모든 원자의 상대적 위치를 검토해보기로 하였다.

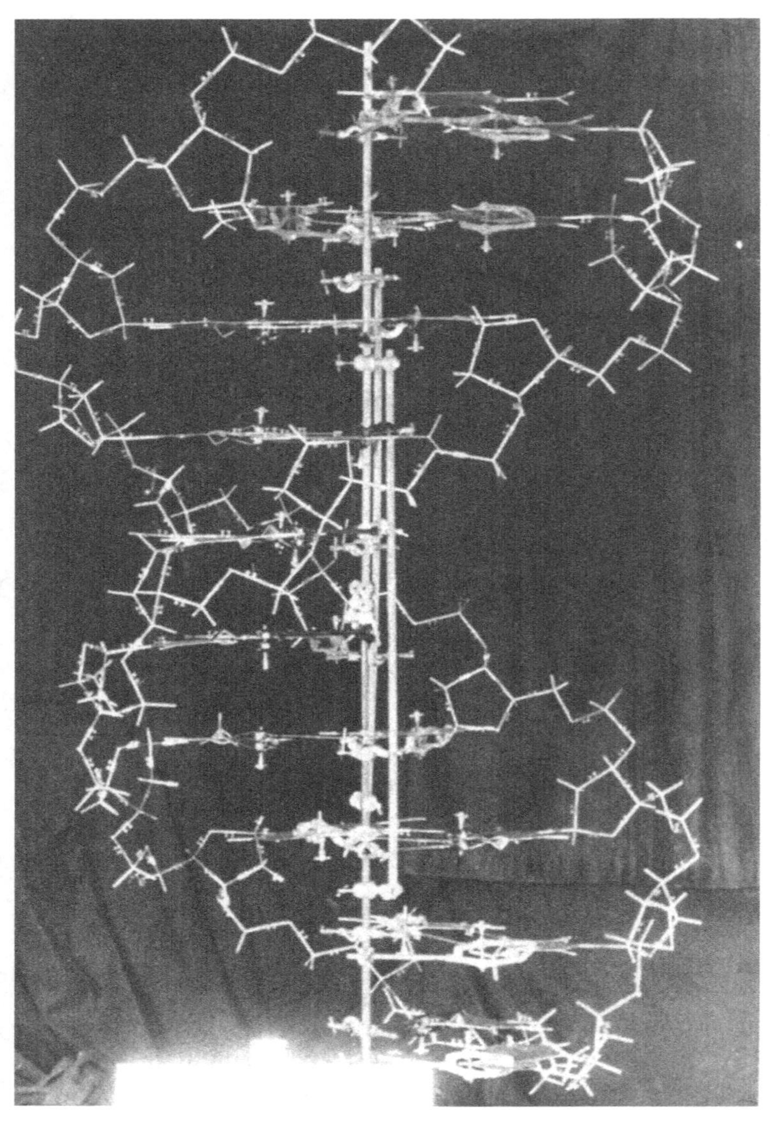

이중나선의 최초의 모형

우리의 모형은 대칭적인 나선형이기 때문에 한쪽 뉴클레오타이드의 원자들의 위치만 정하면 다른 쪽 것은 자동적으로 정해지는 것이다.

커피를 마시고 나서 오딜은 우리가 한 일이 정말 그렇게 장한 것이라면 그런 일을 해내고도 자기들은 브루클린에까지 귀양살이를 가야 하느냐고 물었다. 케임브리지에 그대로 남아서 해결해야 할 중요한 문제들이 아직도 얼마든지 있지 않겠느냐는 것이었다. 나는 미국사람이라고 다 머리를 박박 깎고 있는 것은 아니며, 또 미국 여성이라고 다 짤막한 흰 양말을 신고 거리를 싸다니는 것은 아니라고 말해주면서 그녀를 위로해주려고 애를 썼다. 그리고 미국의 가장 좋은 점은 전인미답(前人未踏)의 웅대한 대평원에 있다고도 말해주었으나 별효과는 없는 것 같았다. 오딜은 괴상한 옷을 제멋대로 걸치고 있는 그런 곳에서 오랫동안 살 생각을 하면 소름이 끼칠 듯이 무서운 것 같았다. 게다가 그녀는 내가 보통 미국인들이 걸치고 다니는 헐렁한 옷과는 달리 몸에 착 맞는 갓 맞춘 불레이저(blazer)를 입고 있는 모습을 보고 내 말 자체를 통 곧이 듣지 않았다.

그 이튿날 아침에도 크릭은 나보다 먼저 연구실에 나와 있었다. 내가 들어가니 그는 원자의 좌표를 쉽게 측정할 수 있도록 모형을 지지주(支持柱)에 단단히 고정시키고 있었다. 그가 원자모형들을 이리저리 움직이고 있는 동안, 나는 책상에 걸터앉아 우리의 발견을 논문으로 쓸 때 그 논문을 어떤 형식으로 꾸밀까 생각하고 있었다. 크릭은 지지주의 위치를 약간 옮길 때 모형이 쓰러질 것 같아서 내가 좀 도와주었으면

하는 눈치였으나 내가 논문을 쓸 백일몽(白日夢)에 넋을 잃고 있는 것을 보고는 약간 짜증을 내고 있는 것 같았다.

우리는 그 때까지 전에 내가 Mg^{++}이온의 중요성에 관해서 법석을 떤 것은 전혀 착각이었고, Mg^{++}이온이 아니라 Na^{++}의 염일 것이라고 한 윌킨스와 로지의 주장이 옳았다고 생각하고 있었다. 그러나 이제 당-인산의 뼈대를 바깥쪽에 놓고 보니 어느 쪽 이온이건 상관없다는 것을 알게 되었다. 어느 쪽도 다 이중나선에 신통하게도 들어맞을 수 있는 것이었다.

브래그 경이 내려와서 우리 모형을 처음으로 본 것은 그날 점심때가 다 되어갈 때였다. 그는 며칠 동안 독감에 걸려 집에서 누워있었고, 우리가 생물학적으로 중요한 의의를 갖는 DNA의 교묘한 구조를 잡아냈다는 소식도 집에서 들은 것이다. 그래서 그 날 처음으로 연구소에 출근하여 잡무를 처리하고 난 뒤 틈을 내어 직접 그 모형을 보자고 내려온 것이었다. 모형을 보자 곧 그는 두 사슬의 상보성을 이해하였고, 뼈대를 구성하는 당과 인산이 규칙적으로 반복되기 때문에 필연적으로 아데닌은 타이민과 그리고 구아닌은 사이토신과 양이 같게 된다는 결과가 생긴다는 것도 이해하였다. 그는 샤가프의 실험결과에 대해서는 아는 바가 없었기 때문에 나는 각 염기의 상대적 함량에 대해서는 이미 실험적인 증거가 나와 있다고 설명해주었다. 이 말을 듣고 그는 유전자 복제에 대해서 이 DNA 구조가 갖는 잠재적 의의를 이해하고 몹시 흥분하는 것이었다. 이야기가 X선적 증거에 미치자 그는 우리가 아직 킹스대학에 알리고 있지 않은 이유는 이해하였으나, 알렉산더 토드의 의견을 아직 듣지 않았다는데 대해서는 언짢아하였다. 우리가 유기화학적 고찰은 철저히 했다고 말해도 그는 안심이 안 되는 모양이었다. 우리가 사용한 화학구조식이 틀렸으리라고는 생각하지 않았지만, 크릭의 말이 너무도 속사포같이 빠르기 때문에 브래그 경으로서는 이 말이 빠른 친구가 침착하게 사물을 판단할 것 같지 않다고 걱정하는 것 같았다. 그래서 우선 원자좌표를 끝마치고 나서 토드에게 좀 와달라고 청하기로 하였다.

원자좌표를 결정하는 일도 그 다음날 오후에는 다 끝났다. 다만 정확한 X선적 증거를 우리는 가지고 있지 않았기 때문에 우리가 택한 이 원자들의 입체적 배치가 정확한지 아닌지에 대해서는 자신이 없었으나, 우리에게 중요한 것은 이 모형과 같은 상보적인 두 사슬로 된 나선형이 입체화학적으로 가능하다는 것을 입증 하는 데 있었으므로 우리는 별로 염려하지는 않았다. 이러한 입증 없이는 우리 모형은 심미적 견지에서 볼 때는 우아하게 보일지 모르나 당-인산이라는 뼈대는 성립되지 않을지도 모르는 것이다. 그러나 일을 마치고 나서 보니 그런 염려도 없어져 우리는 행복감을 가득히 안고 점심을 먹으면서 이런 멋있는 구조가 어찌 존재하지 않을 수 있겠는가라고 서로 이야기하고 있었다.

그 동안 쌓였던 긴장이 풀린 나는 크릭에게 저녁에 델브뤽과 루리아에게 이 이중나선에 관한 편지를 쓸 생각이라고 말한 뒤 베르트랑과 테니스나 칠까 하고 연구소를 나섰다. 킹스대학의 윌킨스에게는 우리가 만든 모형을 와서 보도록 켄드루가 전화를 걸기로 했다. 크릭이나 나나 그 일만은 맡고 싶지 않았다. 그것은 그날 아침 윌킨스로부터 크릭에게 편지가 왔는데, 그 내용이 이제 DNA에 전력을 다해볼 생각이고 또 모형조립에도 중점을 두기로 했다는 것이었기 때문이다.

28

월킨스는 우리의 모형이 첫눈에 벌써 마음에 든 모양이었다. 그는 이미 켄드루로부터 우리 모형은 두 가닥의 사슬로 되어 있고 그 사슬은 A-T와 G-C의 염기쌍으로 붙들려 있다는 말을 듣고 왔기 때문에, 방안에 들어서자마자 곧 세부검토에 들어갔다. 사슬이 세 가닥이 아니고 두 가닥인 점에 대해서는 그에게도 별 이의는 없었다. 무슨 뾰족한 근거가 있어서 세 가닥을 생각하고 있었던 것은 아니기 때문이다. 월킨스가 묵묵히 금속 조각들을 들여다보고 있는 곁에서 크릭이 이런 구조에서는 어떤 형의 X선사진이 나올 것이라느니 하고 예의 그 빠른 말소리로 한참 설명을 하다가 문득 월킨스가 여기까지 온 것은 모형을 구경하기 위한 것이지 듣지 않아도 뻔히 알 수 있는 결정학 이론을 강의받기 위한 것은 아니라는 듯한 표정을 짓고 있는 것을 눈치 채고는 갑자기 죽은 듯이 잠잠해버렸다. 구아닌과 타이민을 케토형으로 한 데 대해서도 아무런 이의는 없었다. 그렇지 않고는 염기쌍의 결합이 파괴되어버릴 것임을 그도 알 수가 있었기 때문인 것 같았다. 우리가 얼마 전에 들은 도나휴의 이론을 말해 주니까 그는 마치 그것은 극히 상식적인 것이라는 듯이 고개를 끄덕거리고 있었다.

도나휴가 크릭과 피터, 그리고 나하고 넷이서 한 연구실을 쓰고 있었다는 것은 우리에게는 정말 뜻밖의 행운이었다. 이것은 우리들 누구나가 다 아는 사실이었지만, 그 자리에서는 아무도 그 말을 하지는 않았다. 만일 그가 없었다면 나는 지금까지도 같은 염기끼리가 짝을 짓는다는 그 생각에 집착되어 나오지도 않는 우물물을 펌프질하고 있었을 것이다. 윌킨스의 연구실에는 구조화학을 전공하는 사람이 하나도 없었기 때문에 교과서에 실려 있는 구조식은 다 틀린 것이라고 그에게 가르쳐주는 사람도 없었다. 도나휴 말고는 그러한 착오를 판별해내고 또 그 결과의 중요성을 인식할 만한 사람이라고는 폴링 바로 그 사람밖에 없었던 것이다.

우리가 다음에 해야 할 일은 이 모형으로부터 예상되는 X선회절상과 실제 실험을 통하여 얻은 X선 결과를 면밀히 비교 대조해 보는 일이었다. 윌킨스는 이 일을 자기가 해보겠다고 말하고 런던으로 돌아갔다. 그의 표정에는 비통해 하는 빛이라고는 털끝만치도 없었기 때문에 나는 비로소 마음을 놓을 수가 있었다. 나는 그가 우리 연구실에 들어설 때까지 어쩌면 그들이 독차지 했을지도 모를 영광의 일부를 우리에게 뺏겼다는 원통한 생각에서 침울한 표정으로 나타나는 것이 아닐까 하고 몹시 마음을 졸이고 있었던 것이다. 그러나 막상 그들 대하고 보니 그의 얼굴에서는 억울해 하는 기색은 찾아볼 수 없었다. 뿐만 아니라 그는 언제나의 그 부드러운 목소리로 이 구조의 해명은 생물학에 한 없이 큰 공헌을 하게 될 것이라고 하면서 우리들 못지않게 진심으로 기뻐해주는 것이었다.

윌킨스는 런던에 돌아간 지 이틀도 안 되어 우리에게 전화를 걸어 우리의 이중나선은 그와 로지의 X선 측정치에 전적으로 부합된다고 말해왔다. 그리고 그들의 측정치를 급히 정리하여 우리가 염기쌍의 논문을 발표할 때 그들의 논문도 동시에 발표하고 싶다고 했다. 우리는 되도록 빨리 발표하려면 《네이처》에 투고하는 것이 제일 좋겠다고 생각하였다. 만일 브래그 경과 랜들이 밀어만 준다면 투고 후 한 달 이내에는 지상에 게재될 수 있을 것이기 때문이다. 우리는 킹스대학에서 나오는 논문은 한편이 아닐 것이라고 생각하였다. 로지와 고슬링은 아마 윌킨스와 공동명의로 발표하지 않고 그들의 실험결과만을 따로 발표할 것 같았던 것이다.

로지가 우리 모형에 즉각 찬성을 한 데에는 나도 처음에는 놀랐다. 〈반나선〉(antihelix)이라고 하는 스스로가 만든 덫에 걸려 빠져나오지 못하고 있는 그녀가 그 날카롭고 완고한 두뇌를 가지고 이중나선의 정확성을 의심케 하는 어떤 엉뚱한 트집을 어디선가에서 캐내어 우리를 또다시 당황하게 만들 것이 아닌가 하고 나는 내심 적지 않게 겁을 집어먹고 있었다. 그러나 로지도 다른 사람들이나 마찬가지로 이중 나선의 염기쌍에는 무조건 반한 듯하여, 이토록 아름다운 구조가 진실이 아닐 리 없다고 우리에게 공명하는 것이었다. 게다가 최근의 X선 측정 결과는 그녀로 하여금 나선구조를 인정하지 않을 수 없게 만들고 있었고,

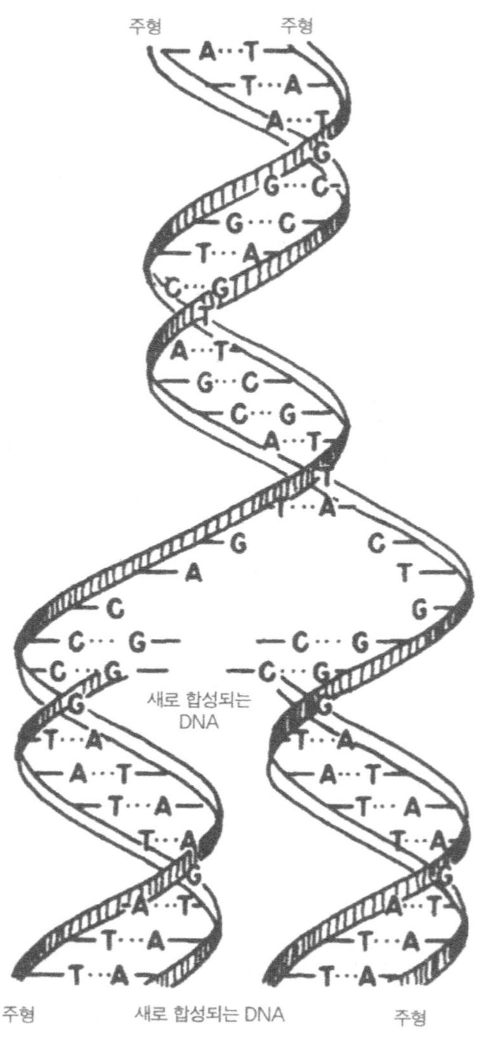

DNA 분자의 복제. 두 사슬의 염기배열순서가 서로 상보적이라면 DNA의 복제는 이 그림과 같이 진행되리라고 생각된다.

210

뼈대가 분자의 바깥쪽에 자리 잡는다는 것도 그녀의 측정결과로 보아 확실했으니, 내부의 염기들을 수소결합으로 붙들어 매는 데는 A-T와 G-C의 염기쌍이 필연적이라는 것은 그녀로서도 재론의 여지가 없었던 것이다.

이때부터 크릭과 나에게 대한 그 지독했던 그녀의 감정도 가라앉아 버렸다. 처음에 우리는 이중나선에 관해 그녀와 토론하는 것을 몹시 꺼렸다. 요전번처럼 또 그녀가 톡톡 쏠까봐 겁이 났던 것이다. 그러나 크릭이 런던에 가서 윌킨스와 X선 결과의 세부를 같이 검토하다가 그녀의 태도가 전과는 전혀 다르다는 것을 알게 되었다. 크릭은 로지가 그와는 말하기조차도 싫어할 줄 알고 주로 윌킨스하고만 이야기하고 있었으나, 그러다가 점점 로지가 그로부터 결정학적 면에서의 조언을 듣고 싶어 하고 있고 또 이제까지의 노골적인 적의 대신 대등한 입장에서 같이 이야기를 나누려고 한다는 것을 눈치 채게 된 것이다. 그녀는 크릭에게 그녀의 실험결과도 기꺼이 보여주었다. 그것을 보고 크릭은 비로소 왜 그녀가 당-인산의 뼈대는 분자의 바깥쪽에 있어야 한다고 주장해 왔는가를 이해할 수 있었다. 그리고 그녀가 이제까지 이 주장을 굽히지 않고 있었던 것은 그릇된 여권 신장론자의 감정의 발로가 아니라 고차적인 과학적 근거의 반영이었다는 것도 동시에 깨닫게 되었다.

로지의 태도가 이렇게 바뀐 이유는 우리에게 대한 그녀의 인식이 달라진 데에도 있다는 것이 분명했다. 우리가 이제까지 모형조립에 법석을 피워온 것은 성실한 과학적 연구에 불가결인 고된 실험을 기피하는 게으름뱅이의 안일한 유흥이 아니고 과학에 대한 진지(眞摯)한 태도에 서였다는 것을 그녀도 인정하게 된 것이다. 동시에 우리도 로지가 이제 까지 윌킨스나 랜들과 대립해온 것은 같이 일하는 사람들과는 대등한 입장에 서고 싶다는 그녀의 극히 당연한 욕구에서였다는 것을 알게 되 었다. 킹스대학의 연구실에 들어온 직후부터 그녀는 결정학상의 자신 의 우수한 능력이 정당하게 평가받지 못하고 있는 데 대해서 화를 내어 그 대학의 서열 위주의 계급제(階級制)에 반기를 들게 된 것이었다.

그 주에 패서디나에서 온 두통의 편지에 의하면 폴링은 아직 목적 을 달성하지 못하고 있는 것 같았다. 그 중의 한 편지는 델브뤽으로부 터 온 것이었는데, 폴링이 세미나에서 그의 DNA 구조에 수정을 가했 다고 적혀 있었다. 폴링답지도 않게 그는 케임브리지에 보낸 논문 원고 를 그의 공동연구자인 코리(R.B. Corey)가 원자 간의 거리를 정밀하게 측정도 하기 전에 서둘러 발표해버렸다는 것이었다. 그러나 막상 측정 을 해놓고 보니 약간의 손질 정도로는 어쩔 수 없을 만큼 원자들의 간 격이 틀려 있는 것을 발견한 모양이었다. 입체화학적으로 보아 그 구조 는 도저히 납득될 수 없었던 것이다. 그러나 폴링은 이 사태를 어떻게 해서라도 수습해보려고 베르너 쇼메이커(Verner Scho-maker)의 의견에 따라 인산기를 45° 돌려서 다른 산소원자가 수소결합에 관여하도록 수 정했다는 것이다. DNA 구조에 대한 새로운 아이디어를 얻었다는 편지 를 나에게서 받고 있었던 델브뤽은 폴링의 강연이 끝난 뒤 쇼메이커에 게 폴링이 말한 구조는 옳다고 생각되지 않는다고 말했다고 그 편지에는 적혀 있었다.

내 편지에 관한 델브뤽의 이야기를 얻어들은 폴링은 금방 나에게 편지를 보내왔다. 그 편지의 전반부에서는 그의 신경과민성이 여실히 드러나 있었다. 그는 단도직입적으로 본론에 들어가지 않고, 단백질에 관한 학회가 열릴 예정인데 거기서 핵산부문을 추가하기로 하였으니 참석하지 않겠느냐고 쓴 다음, 비로소 속을 드러내어 델브뤽에게 편지로 써서 알린 그 새로운 구조라는 것이 어떤 것인지 상세히 알려달라고 써놓은 것이다. 이 편지를 읽고 나는 긴 숨을 내쉬면서 가슴을 쓸어내렸다. 델브뤽이 폴링의 강연을 들었을 때는 상보적 이중나선구조는 모르고 있었을 것이므로, 그가 쇼메이커에게 말한 것은 같은 염기끼리 쌍을 이룬다고 하는 이미 못쓰게 된 내 구상이었을 것이다. 다행히도 내 편지가 델브뤽에게 닿았을 때는 염기문제가 이미 해결이 되었기에 망정이지, 만일 그렇지 못했다면 나는 델브뤽과 폴링에게 착상한 지 불과 12시간밖에 안된, 그리고 24시간 만에 벌써 사장(死藏)되고만 허망한 아이디어를 성급하게 편지에 썼던 것이라고 재차 편지를 내지 않으면 안 될 난처한 입장에 처해졌을 것이다. 토드가 화학연구실에서 몇 사람의 젊은 연구원들을 데리고 우리 연구실에 나타난 것은 주말이 가까워서였다. 크릭은 지난주 초부터 벌써 하루에도 몇 차례씩 찾아오는 사람들을 앞에 놓고 같이 말을 되풀이해왔는데도 싫증도 안 나는지 토드 일행에게 우리의 구조와 그것이 내포하고 있는 의미를 일사천리(一瀉千里)로 단숨에 설명하였다. 사실 그 무렵 크릭은 설명에 싫증이 나기는커녕

DNA 모형 앞에 선 저자와 크릭

점점 더 신이 나는 것 같았다. 그래서 그가 우리 모형을 구경시키기 위해서 바깥에서 누군가를 끌고 들어오는 소리가 들리기만 하면 도나휴와 나는 으레 자리를 뜨고 밖에 나가 있다가 그 새 개종자(改宗者)가 돌아가고 난 뒤 연구실이 좀 조용해져서 일을 항 만하게 되면 다시 들어가곤 했다. 그러나 토드가 왔을 때는 나는 밖에 나가지 않고, 그가 브래그 경에게 당-인상의 뼈대에 관한 그의 화학적 조언을 우리가 정확하게 받아들이고 있다고 말하는 것을 옆에서 듣고 있었다. 토드는 또 케토형에 대해서도 언급하며 많은 유기화학자들이 에놀형을 택하고 있는 것은 아무 특별한 근거도 없는 것이라고 말하였다. 그리고는 나와 크릭에게 이 훌륭한 화학적 성과를 진심으로 축하한다고 말하고 돌아갔다.

그 후 얼마 안 있어 나는 케임브리지를 떠나 파리에서 1주일을 보냈다. 보리스 에프러씨 부처와 파리에서 만나기로 몇주 전에 이미 약속되어 있었던 것이다. 나로서는 이제 일도 대충 끝났고, 또 파리에 가면 에프루시와 르보프에게 이중나선의 자랑도 실컷 할 수 있는 이 여행을 뒤로 미룰 이유는 도무지 없었으나, 크릭은 이 중대한 시기에 파리에 가서 일주일이나 있는다는 것은 말도 안 된다고 화를 내고 있었다. 크릭은 나더러 좀 더 착실해져라 하고 여행을 만류했지만 나는 여행이라도 하지 않고는 못 배길 기분이었다. 더구나 켄드루가 샤가프로부터 그에게 온 편지를 크릭과 나에게 보여준 뒤는 더했다. 그 편지의 끝에는 "당신 연구실에 있는 그 촌뜨기들이 해냈다는 일이 도대체 무엇인지 가르쳐주시오."라고 적혀 있었던 것이다.

29

폴링이 이중나선 이야기를 들은 것은 델브뤽을 통해서였다. 나는 델브뤽에게 편지로 우리가 한 일을 알리면서 당분간 폴링에게는 말하지 말아 달라고 부탁했다. 그때까지만 해도 혹시 무슨 착오가 발견되지나 않을까 하는 일말의 두려움이 없지 않아 있었고, 따라서 며칠 동안 좀 더 면밀히 검토해 볼 때까지는 수소 결합으로 연결된 염기쌍에 대한 내용을 폴링에게만은 알리고 싶지 않았다. 그러나 델브뤽은 참을 수가 없었던 모양이다. 그는 이 이중나선 이야기가 곧 폴링의 연구실까지 전해질 것을 뻔히 알고 있으면서도 그의 생물학 연구실 동료들에게 전부 말해 버리고 말았다. 그 전에 이미 그는 내가 보내는 편지의 내용을 지체 없이 알려주기로 폴링과 약속이 돼 있던 차였다. 이는 순수과학 분야에서 그 어떤 비밀도 있어서는 안 된다는 그의 신조(信條) 때문이었고, 또 폴링이 더 이상 궁금해하는 것을 차마 볼 수가 없었던 탓도 있었다.

이중나선 이야기를 듣고 폴링은 델브뤽과 마찬가지로 진심으로 감동을 받은 모양이었다. 다른 때 같으면 폴링은 자신이 생각하고 있는 구조를 옹호했을 테지만, 우리가 만든 자기상보적 DNA 분자 구조가 지닌 엄청난 생물학적 의의 앞에서는 그도 미련 없이 깨끗이 물러설 수밖에 없었다. 그러나 이것으로 문제가 다 해결됐다고 단정하기 전에 킹스대학에서 나온 X선 증거를 자기 눈으로 직접 확인해 보고 싶어 했다. 그는 4월 둘째 주 솔베이(Solvay)에서 열릴 단백질학회에 참석하러 브뤼셀로 갈 예정이었기 때문에 3주 후에 직접 확인할 수 있으리라고 생각했다.

나는 파리에서 캐번디시로 돌아간 직후인 3월 18일에 델브뤽의 편지를 받고 폴링도 알고 있다는 사실을 알았다. 그러나 그때는 이미 우리가 택한 염기쌍의 타당성을 뒷받침하는 증거가 충분히 축적돼 있었으므로 나로서는 그가 알고 있든 아니든 이제는 하등 상관이 없었다. 그 증거들 가운데 결정적인 한 가지는 파스퇴르 연구소(Institut Pasteur)에서 나온 것이었다. 파리에 갔을 때 나는 이 연구소에 있는 캐나다 태생의 생화학자 게리 와이엇(Gerry Wyatt)을 우연히 만났는데, 마침 그가 장기간의 걸친 DNA 분석을 막 끝냈을 때였다. 그 무렵 몇 해 동안 이 파지의 DNA 염기비를 연구하고 있었고, 내가 갔을 때는 T_2, T_4 및 T_6파지의 DNA는 사이토신을 전혀 가지고 있지 않아 다소 특이하다고 알려져 있었다. 우리가 만든 모형에 의하면 도저히 불가능한 일이었다. 그러나 와이엇은 그가 시모어 코언(Seymour Cohen)과 앨 허시(Al Hershey)와 함께 분석해 본 결과 사이토신 대신 사이토신의 한 변형인 5-하이드록시-메틸 사이토신이 들어 있다는 것을 알게 되었다고 일러주었다. 내 확신을 더 굳힌 것은 이 물질의 함량이 구아닌과 똑같다는 그의 말이었다. 이 물질은 사이토신과 마찬가지로 구아닌과 수소 결합을 형성하므로 우리의 이중나선 구조는 또 하나의 강력한 지지를 받는 셈이었다. 그들의 분석치(分析値)가 그 전에 나온 그 어떤 분석치보다 더 정밀하게 아데닌과 타이민, 구아닌과 사이토신 사이의 등량관계(等量關係)를 증명하고 있는 것도 나에게는 더없는 즐거움이었다.

내가 파리에 가고 없는 동안 크릭은 A형 DNA 분자 구조 연구에 골몰해 있었다. 윌킨스의 연구실에서 전에 나온 결과에 의하면 A형 DNA 섬유 결정은 물을 흡수하면 길이가 늘어나 B형이 된다는 게 분명해졌다. 따라서 크릭은 우리가 만든 B형 구조의 염기들을 조금 기울여서 나선의 축에 연(沿)한 염기쌍 사이의 거리를 2.6Å 정도로 줄이면 보다 긴 축된 상태인 A형이 되리라고 생각했고, 그 염기들을 기울인 모형 조립에 착수한 것이었다. B형 구조와 달라 나선 내부가 비좁은 A형 구조는 손으로 조작하기가 훨씬 더 불편했겠지만, 내가 돌아갔을 때는 이미 만족스러운 모형이 나를 기다리고 있었다.

그다음 주에는 이미 《네이처》에 투고할 논문 초고가 다 준비돼 있었기 때문에 윌킨스와 로지에게 사본을 보내 의견을 물었다. 그들은 별 이의가 없다고 하면서 다만 자신들의 연구소에 같이 있는 프레이저(Fraser)가 우리보다 먼저 염기 사이의 수소 결합에 대해 생각하고 있었다는 것만 첨가해 달라고 했다. 그때까지 우리는 프레이저의 가설에 대해서는 잘 모르고 있었으나, 그도 아마도 염기 세 개가 수소 결합으로 결부돼 있다는 생각을 한 모양이었다. 게다가 알고 보니 그 염기도 모두 에놀형이었다. 나는 윌킨스에게 전화를 걸어 이미 사장되어 버린 이 가설을 구태여 소생시켜 또 한 번 죽일 필요야 없지 않겠느냐고 말하니 그는 몹시 당황하면서 난처해하는 것 같았다. 그래서 우리는 그것을 문헌란에 추가하기로 했다. 로지와 윌킨스의 논문은 비슷한 내용이었고, 다 같이 염기쌍이라는 말을 써서 자신들의 결과를 설명하고 있었다. 크릭은 우리 논문을 작성할 때 생물학적 의의에 관해 좀 길게 쓰고 싶어 했지만, 역시 간결하게 쓰는 것이 효과적이라는 데 동의해 다음과 같은 문장으로 표현했다. "우리가 제창하는 이 특이한 염기쌍은 유전 물질의 복제 기구를 해명하는 데도 중요한 의의가 있음을 깊이 인식하고 있다."

원고를 다 다듬은 다음 우리는 브래그 경에게 보여 주었다. 그는 몇 군데 문체를 약간 고친 다음, 진심 어린 추천장을 첨부해서 《네이처》에 보내주겠다고 기꺼이 약속했다. 그는 우리의 성과를 진정으로 기뻐하고 있었다. 이 성과가 패서디나가 아니라 캐번디시에서 나왔다는 것도 물론 그가 기뻐하는 이유 중 하나였음이 분명했다. 그러나 그보다 더 큰 이유는 우리가 해명한 구조가 내포하고 있는 교묘한 자기복제성에 경탄했던 데 있었을 뿐만 아니라 그가 40년도 더 전에 개발한 X선 회절법이 생명의 본질을 탐색하는 데 핵심적인 역할을 담당했다는 데 감격한 덕도 있었다.

3월 마지막 주에 최종 원고가 완성됐고 타자로 옮길 준비를 했다. 때마침 연구소 타이피스트가 휴가 중이었기에 나는 엘리자베스에게 타

이중나선의 논물을 발표학고 난 직후 캐번디시에서의 오전 커피를 마시고 있는 크릭과 저자.

자를 부탁했다. 토요일 오후를 따분하게 타이프나 치면서 보내고 싶진 않을 테니 우리가 완성한 논문이 어쩌면 다윈의 진화론 이후 생물학에서 가장 혁혁한 업적이 될지도 모른다는 말로 그녀를 달래며 설득했다. 엘리자베스가 타이프를 치는 모습을 크릭과 나는 어깨너머로 줄곧 지켜보았다. 약 900단어로 된 그 논문은 다음과 같은 문장으로 시작되고 있었다. "우리는 여기에 디옥시리보핵산(DNA)염의 구조를 제창하고자 한다. 이 구조는 생물학적으로 대단히 흥미 있는 특징을 지니고 있다."

폴링이 케임브리지에 도착한 것은 금요일 오후였다. 솔베이 학회에 참석하기 위해 브뤼셀로 가는 도중에 아들 피터도 만나볼 겸 우리의 모형도 구경할 겸 온 것이었다. 피터는 철없게도 폴링을 프라이어 미망인의 하숙집에 묵게 주선해 두었으나 정작 본인은 호텔로 옮기고 싶어 하리라는 게 우리 눈에도 뻔했다. 아침 식사를 외국인 아가씨들과 함께하는 재미가 있다고는 하지만 온수도 안 나오는 방에서 지내는 것이 과히 유쾌한 일은 아닐 것이기 때문이었다. 이튿날 토요일 아침, 그는 피터와 함께 연구소에 나타나 도나휴와 만나 칼텍의 최근 소식도 전하면서 잠시 환담을 나누고 우리 모형을 검토하기 시작했다. 그는 킹스대학의 정량적 측정 결과들도 보고 싶어 했지만 우리가 내준 로지의 B형 X선 사진을 보고는 증거가 충분하다고 판단했고, 우리 모형이야말로 정답이 틀림없다고 품위 있게 말하는 것이었다.

그때 브래그 경이 내려와 폴링과 피터를 점심 식사에 초대해 자택으로 데리고 갔다. 그날 밤 폴링 부자와 엘리자베스, 나는 크릭의 집에서 열릴 만찬에 초대를 받아 갔다. 크릭은 폴링이 있어서인지 별로 떠들지 않았고 폴링이 엘리자베스와 오딜과 농담을 주고받는 것을 지켜보고 있었다. 그날 밤 우리 모두는 부르고뉴 적포도주인 버건디(Burgundy)를 상당히 마셨는데도 실내 분위기는 어딘가 활기가 좀 모자랐고, 폴링은 크릭보다도 나이도 어리고 풋내기 과학자에 불과했던 내게 더 말을 걸고 싶어 하는 것 같았다. 미국과 영국의 시차 때문에 폴링은 꽤 피곤해했기에 파티는 오래가지 않았고, 12시쯤에는 모두 집으로 돌아갔다.

이튿날 오후 엘리자베스와 나는 비행기를 타고 파리에 갔다. 피터

와 만나기로 약속했기 때문이다. 엘리자베스는 열흘 후 미국으로 갔다
가 대학 시절에 사귄 미국인 청년과 일본에서 결혼할 예정이었다. 그
러고 보니 우리가 함께 지내는 시간도 이번이 마지막이 될 터였다. 적
어도 숨 막힐 듯한 미 중서부와 미국문화에서 벗어나 평화로운 마음으
로 둘이서만 지낼 수 있는 마지막 시간일 터였다. 우리는 월요일 아침
에는 포부르 생 토노레(Faudourg St. Honoré) 거리의 정취를 마지막으로
한 번 더 느껴보려고 집을 나섰다. 화사한 양산이 잔뜩 진열된 상점을
들여다보던 나는 엘리자베스의 결혼 선물로 좋겠다는 생각에 산뜻하게
생긴 양산 하나를 샀다. 그런 뒤 엘리자베스는 친구를 만나 차를 마시
러 갔고, 나는 센강을 건너 룩셈부르크 궁전(Palaisdu Luxembourg) 가까
이에 있는 호텔로 천천히 걸어가면서 머릿속에서 교차하는 수십 가지
생각들을 떠오르는 대로 내버려 두었다. 밤이 되면 피터도 합류해 내
생일파티를 함께 즐길 것이다. 그러나 지금 걷고 있는 이 순간만은 오
롯이 혼자였다. 생 제르맹 데 프레(St. Germain des Prés) 근처를 활보하
고 있는, 머리를 길게 늘어뜨린 아가씨들도 나와는 하등 상관없는 사람
들이었다. 나도 이제 스물다섯이나 됐으니 언제까지나 어린아이들처럼
철부지로 지낼 수만은 없는 노릇이었다.

후기

이 책에 등장한 인물은 대부분이 아직 생존해 있고, 모두 지식인으로서 활약하고 있다. 헤르만 칼카르는 미국에 와서 하버드대학 의대의 생물학 교수로 있고, 존 켄드루와 막스 페루츠는 지금도 케임브리지에서 X선회절법으로 단백질을 연구하고 있으며 1962년에 노벨화학상을 탔다. 로랜스 브래그 경[역자주: 1971년 서거(逝去)]은 1954년 런던에 있는 왕립연구소(Royal Institution) 소장으로 갔으나 여전히 단백질에는 비상한 관심으로 가지고 있다. 휴 헉슬리는 런던에 몇 해 가 있다가 케임브리지에 다시 돌아가서 근수축에 관한 연구에 종사하고 있다. 프랜시스 크릭은 브루클린에서 1년을 보낸 다음 케임브리지로 돌아가 유전부호의 본질과 그 작용 기구에 관한 연구를 하고 있는데, 그는 과거 10년간 그 분야에서는 세계적 선구자로 알려져 있다. 모리스 윌킨스는 그 후도 몇 해 동안 DNA연구에 종사하여 그의 공동 연구자들과 함께 이 중나선구조의 정확성을 더욱 철저히 확인한 다음, 리보핵산의 구조해명에도 커다란 공헌을 하였다. 현재는 연구방향을 돌려 신경계의 구조와 그 작용의 구명에 전념하고 있다. 피터 폴링은 런던에 살고 있으면서 유니버시티대학(University College, London)에서 화학을 가르치고 있다. 그의 아버지 라이너스 폴링은 최근 캘리포니아공대에서 은퇴한 후 그의 과학에서 정열을 원자핵의 구조와 이론구조화학에 쏟고 있다. 내 여동생은 동양에서 여러 해 있다가 출판업을 하는 남편과 함께 지금은 워싱턴에 살고 있으며 이미 세 아이의 어머니가 되었다.

이들 모두 이 책의 내용과 자신들의 기억의 편차를 얼마든 지적할 수 있으리라. 그러나 불행히도 단 한 사람만은 예외다. 그는 로잘린드 프랭클린, 다름 아닌 로지이다. 그녀는 1958년에 37세라는 젊은 나이로 세상을 떠났다. 그녀에 대한 나의 초기 인상은 이 책 앞부분에서 보는 바와 같이 학문적으로나 인간적으로나 그리 호의적이지 않았다. 그러나 그녀가 유명을 달리한 현재, 그녀의 업적에 대하여 몇 자 적지 않을 수 없다. 그녀가 X선을 사용해 킹스대학에서 수행한 연구는 날이 갈수록 더 높은 평가를 받고 있다. DNA의 A형과 B형을 분류해낸 것은 그 자체만으로도 그녀의 명성을 높이고도 남을 업적이다. 그녀는 1952년 패터슨(Patterson)의 중첩법(重疊法)을 이용해 DNA의 인산기는 DNA 분자 바깥쪽에 있다는 것을 입증해 냈다. 그후 버널의 연구실로 옮겨 담배 모자이크 바이러스 연구에 몰두해 단기간 내에 나선구조에 관한 우리의 정성적 사고를 정밀한 정량적 X선상으로 발전시켜 나선의 매개변수를 확고히 수립하는 동시에 리보핵산 사슬이 중심축에서 약간 벗어나 있다는 사실도 밝혀냈다.

그 당시 나는 미국에 돌아와 교편을 잡고 있었기 때문에 크릭처럼 그녀와 자주 만날 기회는 없었으나 크릭과는 자주 만나 그의 의견을 묻기도 하고 중요한 결과를 얻으면 그와 함께 논의하기도 했다. 그 무렵에는 우리도 지난날의 언쟁은 씻은 듯이 깨끗이 잊고 그녀의 성실하고 고매(高邁)한 인품에 아낌없이 경의를 표했다. 흔히 여성을 심오한 이론에 지쳤을 때 기분을 전환시켜주는 존재로만 생각하기 쉬운 과학의 세계에서 그녀처럼 고도의 지성을 갖춘 여성이 그처럼 투쟁하지 않을 수 없었다는 사실을 이해할 때쯤에는 이미 너무 긴 시간이 흐른 뒤였다. 자신의 불치병을 알면서도 죽음을 수주 눈앞에 두고 한탄 한마디 없이 고차원적인 연구에 헌신적인 정열을 기울여 온 그녀의 용기와 성실성을 우리는 너무도 뒤늦게 인식한 것이다.

다음 페이지의 사진은 델브뤽에게 이중나선을 알린 저자의 편지

UNIVERSITY OF CAMBRIDGE   DEPARTMENT OF PHYSICS

TELEPHONE
CAMBRIDGE 55478

CAVENDISH LABORATORY
FREE SCHOOL LANE
CAMBRIDGE

March 12, 1953

Dear Max

Thank you very much for your recent letters. We were quite interested in your account of the Pauling Seminar. The day following the arrival of your letter, I received a note from Pauling, mentioning that their model had been revised, and indicating interest in our model. We shall thus have to write him in the near future as to what we are doing. Until now we preferred not to write him since we did not want to commit ourselves until we were completely sure that all of the van der Waals contacts were correct and that all aspects of our structure were stereochemically feasible. I believe now that we have made sure that our structure can be built and today we are laborious, calculating out exact atomic coordinates.

Our model (a joint project of Francis Crick and myself) bears no relationship to either the original or to the revised Pauling-Corey-Shoemaker model. it is a strange model and embodies several unusual features. however since DNA is an unusual substance, we are not hesitant in being bold. The main features of the model are (1) The basic structure is helical — it consists of two intertwining helices — the core of the helix is occupied by the purine and pyrimidine bases. — The phosphates groups are on the outside (2) the helices are not identical but complementary so that if one helix contains a purine base, the other helix contains a pyrimidine. This feature is a result of our attempt to make the residues equivalent and at the same time put the purine and pyrimidine bases in the center. The pairing of the purine with pyrimidine is very exact and dictated by their desire to form hydrogen bonds — Adenine will pair with Thymine while Guanine will always pair with Cytosine. For example

UNIVERSITY OF CAMBRIDGE   DEPARTMENT OF PHYSICS

TELEPHONE
CAMBRIDGE 55478

CAVENDISH LABORATORY
FREE SCHOOL LANE
CAMBRIDGE

Thymine   with   Adenine

Cytosine   with   Guanine

While my diagram is crude, in fact these pairs form 2 very nice hydrogen bonds in which all of the angles are exactly right. This pairing is based on the effective existence of only one out of the two possible tautomeric forms — in all cases we prefer the keto form over the enol and the amino over the imino. This is definitely an assumption but Jerry Donohue and Bill Cochran tell us that, for all organic molecules so far examined, the keto and amino forms are present in preference to the enol and imino possibilities.

The model has been derived almost entirely from stereochemical considerations with the only x-ray consideration being the spacing between the pair of bases 3.4A which was originally found by Astbury. It tends to build itself with approximately 10 bases per turn in 34 A. The screw is right handed.

The X-ray pattern approximately agrees with the model, but since the photographs available to us are poor and meager (we have no photographs of our own and so far must use Astbury's photographs,) this agreement in no way constitutes a proof of our model. We are certainly a long way from proving its correctness. To do this we must obtain collaboration from the group at King's College London who possess very excellent photographs of a crystalline phase in addition to rather good photographs of a paracrystalline phase. Our model has been made in reference to

UNIVERSITY OF CAMBRIDGE   DEPARTMENT OF PHYSICS

TELEPHONE
CAMBRIDGE 55478

CAVENDISH LABORATORY
FREE SCHOOL LANE
CAMBRIDGE

pack together to form the crystalline phase.

In the next day or so (Crick and I) shall send a note to Nature proposing our structure as a possible model, at the same time emphasizing its provisional nature and the lack of proof in its favor. Even if wrong I believe it to be interesting since it provides a concrete example of a structure composed of complementary chains. If by chance, it is right then I suspect we may be making a slight dent into the manner in which DNA can reproduce itself. For these reasons (in addition to many others) I prefer this type of model over Pauling's which if true would tell us next to nothing about manner of DNA reproduction.

I shall write you in a day or so about the recombination paper. Yesterday, I received a very interesting note from Bill Hayes. I believe he is sending you a copy.

I have met Alfred Tissieres recently. He seems very nice. He speaks fondly of Pasadena and I suspect has not yet become accustomed to being a Fellow of Kings.

My regards to Henry

Jim

P.S. We would prefer your not mentioning this letter to Pauling. When our letter to Nature is completed we shall send him a copy. We should like to send him coordinates.

왼쪽부터 모리스 윌킨스, 존 스타인벡, 존 켄드루, 막스 페루츠, 프랜시스 크릭 및 제임스 왓슨(저자)

역자 후기

이 책은 DNA 분자의 구조를 해명한 업적으로 1962년에 노벨 생리학·의학상을 수상한 저자가 그 해명의 공을 둘러싸고 1950년대 초에 벌어졌던 치열한 과학적 경쟁의 이면(裏面)과 그 경위를 수기 형식으로 기록한 것이다. DNA의 구조 해명은 20세기 후반에 일어난 현대과학에서 가장 큰 성과라고 할 수 있다. 이것으로 종전까지 신비의 베일 속에 깊숙이 감추어져 있던 생물 유전형상의 물질적 기구가 밝혀졌고, 그에 따라 현대생물학은 급격히 변모하여 소위 분자 생물학의 눈부신 발전이 초래되었다. 이 해명에 의하여 수많은 분자 생물학적 연구가 유발되어 지난 10년간의 노벨 생리학·의학상은 거의 대부분이 이 분야의 연구 업적에 수여되고 있는 실정이다. 그리고 이 순간에도 비약적인 발전을 거듭하고 있는 분자생물학은 이제 모든 생명 현상 그 자체를 물질적 관점에서 물리·화학적 법칙으로 설명하였고 시도하고 있다.

그러나 이 책은 DNA 분자 구조의 발견에 이른 경위를 단순히 사실적으로 기록한 것이 아니라 당시 약관 20대의 신진기예(新進氣銳)인 저자가 자기 주변에서 보고 느낀 세계 일류 과학자들의 적나라한 인간성, 경쟁심, 공명심 등을 가식 없는 직설적인 표형으로 기록하여 상아탑의 세계를 사바의 세계로 환원시키고 있다. 대개의 경우 사람들은 그가 접한 어떤 사람을 이름을 밝히면서 언급할 때는 소위 점잖은 표현을 쓰는 것이 보통이다. 그러나 저자는 당대 일류 과학자들을 그가 보고 느낀 대로 조금도 꾸밈없이 대담하게 기술하고 있다. 조금도 사람을 꺼리지 않고 이토록 솔직하게 쓸 수 있다는 점에서 우리는 저자의 가식 없는 성격, 호방(豪放)한 사고, 자신만만한 야심을 엿볼 수 있다.

이중나선이라고 하는 DNA의 구조를 발견하는 데는 수많은 X선 결정학적·화학적 및 생물학적 지견(知見)들의 축적이 그 바탕이 되고 있었으며, 결코 우연한 착상의 결과는 아니었다. 저자는 이 방대한 실험적 자료들을 종합·분석한 결과 이 실험적 지견을 설명할 수 있는 구조는 필연적으로 이중나선형이라는 결론에 도달했다. 이러한 결론을 배양시킨 데는 케임브리지의 진지한 학문적 분위기와 그곳에 운집해 있는 수많은 과학자들이 건넨 조언 등도 또한 큰 몫을 차지하고 있다. 그 폭넓은 정보원을 십분 활용하면서 끈질긴 집념과 명확한 목적의식을 가지고 드디어 승리의 영광을 차지하게 된 것이다. 이 책을 통해 우리는 새삼 자연과학이 여러 분야 사이의 횡적 교류가 없이는 만족스러운 발전을 기할 수 없다는 극히 당연하면서도 흔히 잊기 쉬운 사실을 다시금 절감하게 된다.

이 책에서는 저자가 직접 접한 많은 저명한 과학자들의 이름이 등장

한다. 원문에서는 이들을 성(姓)으로 부르지 않고 이름(first name)으로 부른다. 이는 그들과 저자와의 친분 등에 기인하는 것으로 생각되는데, 번역에서는 대부분 성으로 고쳐 적었다. 생물학이나 생화학에 종사하는 사람들에게는 너무나 귀에 익은 이름들이기에 이편이 훨씬 알아듣기 쉬울 것이라는 생각에서였다. 이 가운데는 30명에 달하는 노벨상 수상자들이 끼어 있다. 일반 독자들의 이해를 돕기 위하여 이들의 연대와 수상 연도를 적어 넣었다.

한때 미국에서 베스트셀러까지 된 이 책을 학문적 소양이라고는 전혀 없는 사람이 번역한다는 것은 너무나 무모한 짓임을 번역에 착수할 때부터 스스로 잘 알고 있었으나, 생물학자로서의 원저자가 문학적 수식(修飾) 없이 적은 생생한 체험기이기에 같은 생물학 연구에 뜻을 두고 있는 사람으로서 역시 문학적 기교가 없는 글로 번역해 보는 것도 세련되지는 못하지만 대신 소박한 감이 있지 않을까 하는 대담한 생각에서 감히 펜을 들었다.

전파과학사 주간 한명수(韓明洙) 선생이 이 책의 내용에 각별한 관심을 갖고 도와주신 데 사의를 표한다. 교정은 문리대에서 영문학과 화학을 전공하는 양희선, 임현식 양이 수고해 주었다.

1973년 2월

하두봉

해설

하두봉

    생물과 무생물의 차이점으로서 일반적으로 들 수 있는 것은 생물에서는 증식과 유전현상을 볼 수 있다는 점일 것이다. 증식과 유전이라는 말은 따지고 보면 같은 뜻이라고 할 수 있다. 증식이란 말은 자기와 같은 형태 및 기능을 가진 고체를 많이 만든다는 뜻이므로 이것은 바로 유전일 것이다. 따라서 생물의 특징이라면 자기증식을 한다는 점이라고 말할 수 있다. 생물은 이 자기증식능력을 통하여 언제까지나 그 형질을 후손에게 계승시키고 있어서, 호박넝쿨에서는 언제나 호박만이 열리고 소의 새끼는 언제까지나 소인 것이다. 따라서 이러한 자기증식 또는 유전이 이루어지는 기구를 밝히는 것이 현대생물학의 오랫동안의 연구과제였다. 그리고 이 기구를 규명하는데 결정적인 역할을 한 것이 이 책의 저자 왓슨과 그의 동료인 크릭에 의하여 밝혀진 DNA의 이중나선구조이다.

    생물의 증식은 세포의 분열에서부터 비롯된다. 박테리아를 위시한 단세포생물은 세포의 분열 그 자체가 바로 증식이지만, 여타의 모든 다

세포생물은 하나의 세포(수정란)가 수많은 분열을 거듭하여 여러 개의 세포로 구성된 하나의 개체를 이룬다. 이 개체가 생식세포를 만들어 다음 대를 이어가게 한다. 따라서 한 개의 세포 속에는 장차 그 개체가 가지게 될 형태와 기능을 결정할 모든 유전인자(유전자라고 부른다)가 다 들어 있을 것이 분명했다. 이 유전자는 세포의 핵 속에 들어 있는 염색체라고 하는 미세구조물 위에 실려 있다는 것이 20세기 초반에 이미 확인되고 있었다. 그리고 세포가 분열할 때는 먼저 염색체가 둘로 분열한 다음 세포가 둘로 나누어져 각각의 세포에 양분된 염색체가 같은 양씩 들어간다는 것도 이미 잘 알려지고 있었다. 따라서 세포가 분열할 때에는 유전자도 꼭 같은 두 개의 유전자로 분열되지 않으면 안 될 것이다. 즉 유전자는 자기복제성이 있어야 하는 것이다. 그리고 이 복제성은 고도로 정확해야 할 것이다. 그렇지 않으면 생물의 종족은 보존되지 못할 것이기 때문이다.

그런데 이 염색체는 단백질과 핵산이라는 두 가지 물질로 구성되고 있다는 것이 화학분석의 결과 밝혀졌다. 따라서 유전자는 이 두 가지 물질 바로 그것이거나 또는 그중의 하나일 것이다. 바이러스의 발견과 전자현미경의 출현 이전까지는 과연 어느 것이냐에 대하여 논란이 많았다(본문 22-23쪽 참조). 그러나 바이러스가 발견되고 이어 전자현미경을 통하여 이 바이러스의 증식과정이 소상히 연구된 결과 이 의문에는 종지부가 찍혔다. 바이러스에도 여러 종류가 있지만 어느 것이나 다 단백질과 핵산의 두 가지 물질로만 구성되고 있다. 그러면서도 자기증식

234

을 능히 하고 있는 것이다. 바이러스를 벌거벗은(세포 속에 들어 있지 않고 노출되어 있다는 뜻) 염색체라고 부른 이유가 바로 여기에 있다(본문 30쪽).

바이러스라는 것은 그 스스로는 증식 능력이 없고 반드시 살아 있는 다른 생물의 세포 속에서만 증식할 수 있다. 그러나 모든 생물의 세포 속에서 증식할 수 있는 것은 아니고 바이러스의 종류에 따라 그가 기생(寄生)하는 생물의 종류가 달라서, 예컨대 어떤 바이러스는 담배의 살아 있는 잎 세포에만 기생하고(TMV) 또 어떤 것은 어떤 동물의 세포 속에만 기생하는 것이다. 이 바이러스는 생물학적으로 대단히 흥미있는 생물(혹은 물질?)이어서, 가령 TMV를 예로 들면, 담배 밭에서 이 바이러스에 감염되어 모자이크병이라는 병에 걸린 담배잎을 따서 각종 화학처리를 거쳐 TMV만을 순수하게 추출하여 결정화시킬 수 있다. 이 결정은 소금의 가루나 설탕가루나 마찬가지의 결정인 것이다. 그리고 이것을 병에 담에 두면 10~20년이 가도 역시 가루 그대로이다. 이것을 보고 아무도 생물이라고는 하지 않을 것이다. 그런데 이 가루를 소량 물에 타서 적당한 조건을 만들어 담배잎에 묻혀 주면 얼마 안가서 온 밭의 담뱃잎이 모두 모자이크병에 걸리게 된다. 그리고 그 잎을 따서 다시 먼저와 같은 화학적 과정을 거쳐 똑같은 바이러스의 결정을 얻을 수 있고, 그 결정의 양은 엄청나게 증가되어 있다는 것을 알게 된다. 즉 이 바이러스는 담뱃잎 속에서 자기증식을 하여 자기와 꼭 같은 바이러스를 많이 만들어 낸 것이다.

우리는 여기서 영락없는 유전현상을 볼 수 있으니 바이러스는 의심할 바 없는 생물이다. 바이러스는 이와 같이 환경조건에 따라 어떤 때는 무생물이고 어떤 때는 생물인 것이다. 바이러스를 두고 생물이다, 아니다 무생물이다 하고 한동안 입씨름이 있었던 것은 이와 같은 연유에서이다. 이야기는 좀 달라지지만 이 바이러스를 통하여 우리는 생물과 무생물 사이에 명확한 경계선을 그을 수 없고, 이 두 가지는 물질의 존재양식의 차이에 불과하다는 결론을 얻게 된다. 즉 생물도 무생물을 구성하고 있는 것과 같은 원소들로 구성되어 있고, 따라서 무생물에 대한 물리·화학적 여러 법칙이 그대로 생물에도 적용되는 것이다. 다만 생물에서는 그 구성물질의 조성이 대단히 복잡하여 그 결과 우리가 흔히 생명현상이라고 부르는 일견 신비한 현상이 발현(發顯)되고 있을 뿐인 것이다. 그리고 그 물질조성이 조금 달리 되어 있으면 무생물인 것이다. 생물과 무생물은 하나의 연속선상에 있어서 양자 간의 경계는 없다는 것이 오늘날 생물학자들의 공통적인 개념이다. 다만 우리는 이 연속의 양쪽 극단만을 일상생활에서 보기 때문에 생물과 무생물의 구별이 뚜렷해 보일 뿐인 것이다. 이 연속선의 한쪽 끝은 물질의 조성이 극단으로 간단한 것들이어서 우리가 보통 무생물이라고 부르고 반대쪽 끝은 극단으로 복잡한 것들이 자리 잡고 있어서 이들을 우리는 생물이라고 부르지만, 그 중간쯤에는 바이러스와 같은 중간물질들이 놓여 있는 것이다.

이 바이러스 가운데 대장균에 기생하여 증식하는 것이 있다. 바이러스 가운데 박테리아에만 기생해서 사는 것은 특히 파지라고 부르기도 하는데(본문 30쪽), 대장균에 기생하는 이 파지의 증식하는 행동을 전자현미경으로 관찰해본 결과 유전자의 본질이 밝혀진 것이다. 위에서 말한 바와 같이 모든 바이러스는 염색체와 마찬가지로 단백질과 핵산만으로 구성되어 있는데, 방사성동위원소를 이용한 분석결과에 의하면 핵산이 속에 뭉쳐 있고 단백질이 이를 마치 외투처럼 둘러싸고 있다. 말하자면 핵산은 편지알맹이고 단백질은 편지봉투인 것이다. 위의 대장균 파지도 물론 예외는 아니다.

이 대장균 파지가 대장균에 기생하는 것을 보면 먼저 균의 외막 표면에 파지 한 마리가 부착된다. 그리고 몇 시간 지나면 갑자기 균이 분해되면서 수백 마리의 새끼 파지가 그 균 속에서 쏟아져 나오는 것이다. 이 새끼 파지들은 또 새 균을 찾아 그 속에 기생하여 위의 과정을 되풀이하고, 그러다 보면 수많은 대장균이 얼마 안 있어 전멸해 버린다. 그런데 역시 방사성 동위원소를 이용한 실험결과에 의하여 균에 부착될 파지는 그 몸 전체가 균 속으로 침입하는 것이 아니며 껍질인 단백질은 균의 외막에 붙어 있는 채로 있고 속으로 들어가는 것은 핵산만이라는 사실이 밝혀졌다. 그리고 전자현미경으로도 죽은 대장균의 표면에 파지의 허물이 언제까지나 붙어 있는 것이 관찰되고 있다. 이것으로 유전자는 핵산이라는 것이 명백해진 것이다. 이밖에도 핵산이 바로 유전자임을 입증 또는 시준하는 실험 예가 대단히 많다(본문 30쪽).

유전자는 핵산이라는 물질임이 밝혀지고 나서 생물학자들의 관심은 자연히 핵산이라는 물질의 구조와 그 기능에 집중되었다. 즉 핵산이라는 물질은 어떤 화학구조를 가지고 있으며, 또 어떻게 하여 생물의 모든 형질, 예컨대 눈이 파랗다든지 머리칼의 빛이 검다든지 음악적 재능이 있다든지, 또는 소와 개의 차이 혹은 더 크게 말해서 소나무와 매미의 차이라든지 하는 이런 모든 생물의 형질을 나타내게 하는가 하는 문제에 집중된 것이다.

핵산이 바로 유전자라는 사실이 밝혀지기 훨씬 전에 유기화학자들은 핵산이라는 물질이 뉴클레오타이드라는 기본물질로 구성되어 있다는 것을 알고 있었다(본문 31쪽). [뉴클레오타이드가 여러 개 연결된 것을 폴리뉴클레오타이드(본문 177쪽)라고 부르는데, 이 말은 핵산과 같은 뜻으로 해석하여도 무방하다.] 그리고 이 뉴클레오타이드를 더욱 분해하면 오탄당, 인산, 그리고 염기물의 세 가지로 분해되기 때문에 이 세 가지가 염기-오탄당-인산의 순으로 연결되어 하나의 뉴클레오타이드를 구성하고 있다는 것도 알고 있었다(본문 58쪽). 그리고 또 핵산에는 두 종류가 있어서, 그 하나는 5탄당이 리보스라는 물질이고 또 하나는 5탄당이 데옥시리보스라고 하는 물질이라는 것도 역시 알려지고 있었다. 5탄당이라는 것은 탄소원자가 5개인 탄수화물을 말한다. 이 5탄당에는 많은 종류가 있는데 그중 앞의 두 종류가 핵산의 구성성분이 되고 있는 것이다. 그래서 5탄당이 리보스인 핵산을 리보핵산 또는 RNA라고 불렀고, 데오시리보스인 핵산을 데오시리보핵산 또는 약해서 DNA라고 불렀다. RNA와 DNA에는 5탄당 이외에 염기물에도 차이가 있으나 그것은 이 책의 내용과는 별로 관계가 없다.

염기물이라는 것은 그 물질이 수용액에서 염기성을 띤다는 뜻에서 붙여진 이름인데, 핵산을 구성하는 염기물에는 다섯 가지가 있다. 그중에서 DNA에서만 볼 수 있는 염기물은 아데닌, 구아닌, 사이토신, 그리고 타이민의 네 가지이다. 이 네 가지의 분자의 구조는 본문 60쪽에 간단하게 그려져 있다. 아데닌과 구아닌은 그 분자의 직경이 서로 비슷하고 사이토신과 타이민보다는 월등히 크다. 그리고 사이토신과 타이민은 분자직경이 거의 같다(본문 60쪽). 이 사실은 DNA와 이중나선구조를 이해하는 데 대단히 중요하다. 앞에서 예를 든 대장균 바이러스는 단백질과 핵산만으로 구성되어 있는데, 그 핵산은 DNA임이 밝혀졌기 때문에 유전자는 바로 DNA임이 또한 명백해졌다. 극히 소수의 바이러스(식물에 기생하는 바이러스들)는 단백질과 DNA로 구성되어 있어서 이 경우는 유전자는 RNA이지만 이런 예외는 DNA의 유전자로서의 기능을 서술하는 데는 아무 상관이 없다.

위에서 핵산은 수많은 뉴클레오타이드가 모여 구성된 고분자라고 하였다. 이 뉴클레오타이드는 또 5탄당과 인산 그리고 염기로 이루어져 있고 DNA를 구성하는 염기에 4종이 있으므로 DNA를 구성하는 뉴클레오타이드에도 4종이 있게 된다(본문 59쪽). 즉 5탄당인 데옥시리보스에 인산이 붙고 거기에 4종의 염기 가운데 어느 하나가 붙은 것이 DNA의 뉴클레오타이드인 것이다. 이상과 같은 내용은 1950년경까지 이미 밝혀져 있었다. DNA의 화학적 조직은 이와 같이 이미 유기화학적으로 잘 알려져 있었으나, 문제는 그 거대분자의 입체적 구조였다. 4

종의 뉴클레오타이드가 수많이 연결된 고분자인 것은 명백했지만 이 뉴클레오타이드가 어떻게 배열되어 있으며 또 DNA분자의 전체적인 입체구조는 어떤 것인지 전혀 알 수 없었던 것이다.

우선 이 DNA의 구조는 정확한 자기 복제기능을 가질 수 있는 그런 구조라야 하고, 또한 수많은 유전정보를 내포할 수 있는 구조라야만 했다. 그래야만 유전자로서의 기능을 나타낼 수 있는 것이다. 유전정보를 내포해야 한다는 것은 생물의 이루 헤아릴 수 없이 많은 유전형질을 나타낼 수 있는 어떤 기구를 그 분자의 구조 속에 지니고 있어야 한다는 것이다.

이러한 두 가지 요건을 설명할 수 있는, 그리고 윌킨스와 로지가 찍은 DNA분자의 X선 회절사진의 패턴을 설명할 수 있는 그러한 DNA분자의 입체구조는 무엇일까 하고 왓슨과 크릭은 주야(晝夜)로 생각을 거듭한 것이다.

그 무렵 이들에게 하나의 힌트를 준 것이 세계적으로 유명한 유기화학자 폴링에 의해 밝혀진 단백질의 알파나선구조였다(본문 44쪽). 단백질은 20종의 아미노산이라는 기본물질이 수십 개 또는 수백 개가 마치 염주알처럼 연결되어 구성된 길다란 사슬과 같은 고분자인데, 이 사슬이 마치 용수철처럼 나선형으로 꼬여 있다는 것이 알파 나선구조의 골자이다. 이런 구조를 상정(想定)함으로써 콜라겐을 비롯하여 몇 가지 섬유상단백질에 관한 그때까지의 여러 지견이 훌륭히 설명되는 것이었다.

이 알파나선구조가 발표되고 나서부터 왓슨은 DNA분자도 질서정연한 나선구조를 하고 있지 않은가 하고 줄곧 생각하게 된 것이다. 그리하여 이 책의 본문에서 상세히 기술되고 있는 바와 같은 과정을 거쳐 드디어 DNA분자는 두 가닥의 기다란 사슬이 서로 꼬여 있는 구조임을 밝힌 것이다. 하나하나의 사슬은 나선형으로 꼬여 있고 그 두 사슬이 다시 서로 감겨 있어서 마치 새끼줄과 같은 이중나선을 이루고 있다는 것이다.

이러한 이중나선구조에 생각이 미치게 된 것은 첫째 윌킨스 그룹이 작성한 X선 회절사진을 면밀히 분석한 결과이고, 또 하나 중요한 것은 샤가프 일파가 전에 보고한 염기함량비에 관한 데이터였다(본문 126쪽). 샤가프 등은 각종 DNA를 재료로 하여 4종의 염기의 함량을 정밀히 조사한 결과 그들이 사용한 모든 시료에서 아데닌의 양은 타이민의 양과 같고 구아닌의 양은 사이토신의 양과 같다는 것을 알았다.

이런 자료들을 종합하여 왓슨과 크릭은 DNA분자의 각각의 사슬은 5탄당(S)과 인산(P), 그리고 염기(B)가 다음과 같이 배열되어

$$\cdots \; S - P - S - P - S - P - S - P - $$
$$\quad \; | \qquad | \qquad | \qquad |$$
$$\quad \; B \qquad B \qquad B \qquad B$$

이것이 나선처럼 꼬여서 다시 두 가닥이 감겨 있다고 결론지은 것이다. 위에서 B는 4종의 염기의 어느 하나인 것이다. 이들은 또 두 가닥의 나선이 서로 감겨 있으면서 한쪽 사슬의 염기는 상대방 사슬의 염기와 동일평면상에 서로 마주보고 있으며 그 사이에 수소결합(본문 184쪽)이 형성되어 두 염기를 따라서 두 사슬을 붙들어 매고 있다고 하였다. 그리고 이 마주보는 염기들은 한쪽이 아데닌(A)이면 반대쪽은 타이민

(T)이고, 또 한쪽이 구아닌(G)이면 그 맞은 편 염기는 사이토신(C)이라고
하였다. 따라서 그 구조는 다음과 같이 표시할 수 있다(염기 사이의 점선
은 수소결합을 의미하는데, A와 T 사이에는 두 개, G와 C 사이에는 세 개의 수소결
합이 있다(본문 184쪽 및 192쪽).

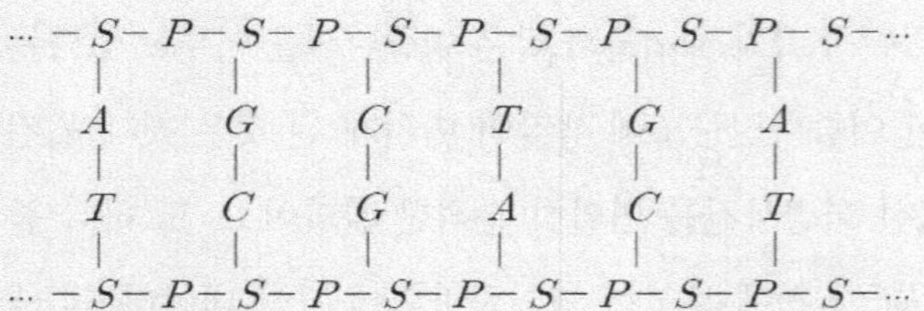

이러한 배열상태가 꼬여서 마치 사다리를 비틀어 놓은 것과 같은 구
조가 DNA분자의 이중나선 구조인 것이다(본문 200쪽).

이 구조에서 A는 T와 반드시 짝을 짓고 G는 C와 반드시 짝을 짓는
것은 샤가프의 염기함량비의 측정결과를 잘 설명할 수 있을뿐더러, 이
러한 짝을 해서만이 수소결합의 수가 최대로 되어 두 사슬이 가장 단단
히 붙들려 매일 수 있게 된다. 또 이러한 짝짓기가 아니면 DNA의 이중
나선구조 자체가 성립되지 않는다. 가령 4종의 염기가 아무런 법칙성
없이 제멋대로 짝을 짓는다면, 위에서 말한 바와 같이 아데닌과 구아닌
의 분자직경은 사이토신과 타이민의 그것보다 훨씬 크므로 이중나선이
평행으로 형성되지 않고 어떤 부분은 불룩해지고 어떤 곳은 옴팍 들어
가게 되어 두 사슬이 붙들려 매일 수도 없는 것이다(본문 181쪽). 그러나
A-T, G-C의 짝짓기와 같은, 한쪽이 크면 한쪽이 작은 상보적인 짝짓
기(본문 195쪽 및 200쪽)이면 이러한 모순은 생기지 않는 것이다.

　　DNA분자의 이 이중나선구조로 이제 왓슨과 크릭은 유전자의 고도로 정확한 자기복제성을 설명할 수 있게 되었다. 즉 세포 분열 시에 염색체가 먼저 둘로 갈라질 때 DNA분자의 이중나선이 마치 새끼줄이 풀리듯이 풀려서 각각 외가닥이 되고 각 사슬은 분열된 두 세포에 갈라져 들어간다. 두 낭세포(娘細胞)에 갈라져 들어간 각각의 외가닥은 세포질 안에 있는 뉴클레오타이드를 그 표면에 결부시켜 새로운 이중나선을 형성하는데, 이때 A-T, G-C의 짝짓기 규칙성에 의하여 새 이중나선의 염기배열순서는 모세포에서의 것과 완전히 동일하게 되는 것이다(본문 210쪽).

　　유전정보라는 것은 결론적으로 말하여 DNA분자에서의 염기의 배열순서라고 할 수 있다. DNA의 염기는 네 가지이지만, 이 4종이 수천 개 또는 수만 개 일렬로 배열된다고 하면 그 배열순서의 종류는 천문학적으로 많은 수에 달한다. 예를 들어서 이 염기가 단지 네 개만으로 연결된 짤막한 사슬을 생각하더라도 AAAA, AAAT, AGCT, ACCC, GGGG…… 등등 여러 종류의 배열 순서를 생각할 수 있는 것이다. 이 많은 종류의 배열순서 하나하나가 하나의 유전정보가 된다는 것이다. 현대생물학은 염기의 배열순서와 유전정보의 관계, 그리고 이 배열순서에 의하여 유전형질이 발현되는 기구를 소상히 밝혀냈지만 이것은 이중나선구조가 발견되고 난 후에 이루어진 업적이고, 따라서 이 책의 내용과는 직접 관계가 없으므로 그 상세한 해설은 다른 책에 미루기로 한다. 다만 독자 여러분은 유전정보라는 것은 DNA분자의 염기의 배열순서라는 것만 알아 두면 이 책의 내용을 이해하는 데는 충분할 것이다.

　위에서 말한 바와 같이 세포 분열 시에 DNA의 이중나선이 풀려 각각의 외가닥이 각 낭세포에 들어가서 다시 이중나선을 복제한다면, 그리고 이 복제는 A-T, G-C의 짝짓기 규칙성에 의하여 이루어진다면 새로 형성된 두 낭세포는 모세포가 가지고 있던 염기의 배열순서, 즉 유전정보를 정확히 복제하는 셈이 된다. 그리고 이런 방식으로 세포분열이 이루어진다면 분열을 몇 번 거듭하더라고 항상 동일한 유전정보를 가진 세포들이 생성될 것이므로 한 생물의 형질은 언제까지나 충실히 보존되고 계승되어 갈 수 있는 것이다. 다만 생물에서는 돌연변이(突然變異), 적자생존(適者生存) 등의 진화요인들이 장구한 시간을 거쳐 돌발적으로 또는 서서히 작용하므로 그 결과 생물의 형질은 조금씩 바뀌어가서 생물진화가 일어나지만, 이러한 요인들이 작용하지 않는 한 생물의 형질은 이 DNA의 이중나선구조로 말미암아 영속되는 것이다. 왓슨과 크릭은 이 세기의 업적을 발표하는 논문에서 「우리가 제창하는 이 특이한 염기쌍은 유전물질의 복제 기구를 해명하는 데도 중요한 의의가 있음을 우리는 잘 인식하고 있다.」라고 기술하고 있다(본문 220쪽). 그들의 업적은 이 문구가 말하는 것처럼 그 뒤 유전의 기구(機構)를 해명하는 데 지대한 공헌을 하였고 분자생물학의 꽃을 피우는 직접적인 계기가 된 것이다.